国家自然科学基金资助项目(51078350)

纤维混凝土的动力特性

许金余　赵德辉　范飞林　著

西北工业大学出版社

【内容简介】 本书围绕 3 种纤维混凝土(钢纤维混凝土、玄武岩纤维混凝土和碳纤维混凝土)的动力特性展开一系列研究。内容包括以下几部分:研究了纤维混凝土的静力特性;介绍了混凝土材料动力特性的分离式霍普金森压杆(SHPB)试验方法,建立了一套自主设计的高温 SHPB 试验系统;基于 SHPB 试验,分别对常温下纤维混凝土的动态抗压力学特性、动态劈拉力学特性以及高温下纤维混凝土的动态抗压力学特性进行了讨论和分析,归纳总结了纤维混凝土动力特性的变化规律;以试验为基础,拟合得到纤维混凝土高温动态力学性能的加载速率-温度耦合力学方程,建立了纤维混凝土经验型的高温动态本构模型,并进行了算例应用。

本书适合于从事机场防护工程和土木工程专业的研究和设计人员,以及高等学校的教师、研究生和高年级本科生阅读。

图书在版编目(CIP)数据

纤维混凝土的动力特性/许金余,赵德辉,范飞林著 . —西安:西北工业大学出版社,2013.5

ISBN 978-7-5612-3673-4

Ⅰ.①纤… Ⅱ.①许… ②赵… ③范… Ⅲ.①纤维增强混凝土—动力特性—研究 Ⅳ.①TU528.572

中国版本图书馆 CIP 数据核字(2013)第 095249 号

出版发行:西北工业大学出版社
通信地址:西安市友谊西路 127 号   邮编:710072
电　　话:(029)88493844　88491757
网　　址:www.nwpup.com
印　刷　者:陕西宝石兰印务有限责任公司
开　　本:727 mm×960 mm　1/16
印　　张:13.5
字　　数:243 千字
版　　次:2013 年 5 月第 1 版　　2013 年 5 月第 1 次印刷
定　　价:28.00 元

前　言

　　纤维混凝土是当代迅速发展的新型建筑复合材料,被大量应用于各种国防工程和民用建筑工程。近年来,随着地震、火灾、恐怖袭击的频繁发生,以及纤维混凝土材料在军事防护工程和特种防护工程中的大量应用,动荷载下纤维混凝土的力学特性越来越受到工程研究人员的关注。纤维混凝土的动力特性不仅是结构抗冲击爆炸设计的重要基础,也是工程抗震防火研究的重要内容,对于研究结构在动荷载下的使用性能具有重要意义。为掌握纤维混凝土的动力特性,研究解决纤维混凝土在结构动力设计中的关键基础性力学问题,进而提高结构的防护能力和在动荷载下的承载能力,有关部门专门进行立项研究。本书正是在一系列研究的基础上编撰而成的。

　　本书围绕 3 种纤维混凝土(钢纤维混凝土、玄武岩纤维混凝土和碳纤维混凝土)的动力特性展开一系列研究。研究了纤维混凝土的基本静力特性;介绍了混凝土材料动力特性的分离式霍普金森压杆(SHPB)试验技术,给出了一种基于黄铜波形整形器的波形整形技术,建立了一套自主研制的高温 SHPB试验系统,设计了相应的高温试验,并通过理论模型和数值分析计算论证了试验技术的可靠性;基于 SHPB 试验,分别对常温下纤维混凝土的动态抗压力学特性、动态劈拉力学特性以及高温下纤维混凝土的动态抗压力学特性进行了讨论和分析,归纳总结了纤维混凝土在不同温度以及不同加载方式下动力特性的变化规律;以试验为基础,建立了纤维混凝土高温动态力学性能的加载速率-温度耦合力学模型,通过拟合大量试验数据,得到加载速率-温度耦合力学方程;以混凝土的静态 Sargin 非线弹性本构模型为基础,引入加载速率-温度耦合力学方程进行修正,建立了纤维混凝土经验型的高温动态本构模型,算例表明,建立的模型能充分反映加载速率、温度和纤维体积掺量对混凝土力学行为的影响。

　　本书由许金余、赵德辉、范飞林撰写,由赵国藩院士审校。李为民、苏灏扬等参与了部分试验工作,罗鑫、李志武、任韦波等参与了部分内容的录入和部分图表的绘制工作。在此向帮助完成本书的同志们表示衷心的感谢!

　　由于水平有限,书中难免会有疏漏及错误之处,衷心希望读者批评指正。

著　者

2013 年 1 月于西安

目　　录

第1章 绪　论

1.1　纤维混凝土技术及研究进展简介

1.1.1　纤维混凝土的定义与分类

纤维增强混凝土（Fiber Reinforced Concrete，简称 FRC）简称纤维混凝土，它是以水泥浆或混凝土为基体，以金属纤维、无机非金属纤维、合成纤维和天然有机纤维为增强材料组成的复合材料[1-2]。

纤维混凝土按基体的不同，可分为纤维水泥、纤维砂浆、纤维混凝土（指狭义纤维混凝土，专指基体中含有粗骨料的混凝土）；按纤维弹性模量是否高于混凝土基体，可分为高弹模纤维混凝土（如钢纤维、玻璃纤维和碳纤维混凝土）和低弹模纤维混凝土（如聚丙烯纤维和聚乙烯醇纤维混凝土）；有时将两种或两种以上的纤维复合使用，称为混杂纤维混凝土。通常，纤维短切、乱向、均匀分布于混凝土基体中，但有时采用连续的纤维分布于基体中，称为连续纤维混凝土[2-4]。

近年来发展的高性能、高含量纤维混凝土主要有渍浆纤维混凝土、活性粉末混凝土、纤维增强宏观无缺陷水泥等。

1.1.2　纤维混凝土的特性

纤维混凝土是混凝土改性研究的一个重要手段，其主要工作机理是利用均匀分散的短纤维来改善素混凝土抗拉强度低、韧性差、易开裂等缺点。纤维掺入以后，在受力过程中，短纤维发挥其抗拉强度高，混凝土发挥其抗压强度高的优势，从而显著提高了混凝土的各项技术指标。

相比素混凝土，纤维混凝土具有以下特性：拌合物施工性能好，可用于某些特殊施工需要；抗拉强度、弯拉强度、抗剪强度较高；降低和减少各种裂缝；裂后变形性能明显改善，韧性和极限应变都有提高，破坏时裂而不碎；收缩变形和徐变变形降低；抗疲劳性能、抗冲击和抗爆炸性能显著提高；可显著提高构件强度，延缓裂缝出现，提高构件延性和裂后刚度；提高混凝土的耐磨性、抗冻融性、抗渗性，有利于防止构件中的钢筋腐蚀；某些特殊纤维配制的混凝土，其热学性能、电学性能和耐久性都会发生变化[2-4]。

·1·

1.1.3　纤维混凝土的工程应用和发展前景

　　纤维混凝土目前已在隧洞衬砌、铁路轨枕、核反应堆安全壳、管道工程、大跨建筑物、大型防御工事、大型桥梁、道路、机场、水工等军用和民用建筑上得到了广泛的工程应用。用量较大的有石棉纤维水泥制品、玻璃纤维水泥制品、钢纤维混凝土和合成纤维混凝土(如聚丙烯纤维混凝土),碳纤维混凝土也已应用于很多工程中。近年来,新型纤维和混凝土的材料不断出现,纤维混凝土相关理论和应用技术得到深入发展,工程上对混凝土力学性能和耐久性的要求也越来越高,大大促进了纤维混凝土的发展,其前景十分广阔。

1.1.4　纤维混凝土研究现状

　　目前处于研究与发展阶段的纤维混凝土主要有钢纤维混凝土、碳纤维混凝土、玄武岩纤维混凝土、玻璃纤维混凝土、合成纤维混凝土和混杂纤维混凝土。

　　1.钢纤维混凝土

　　钢纤维混凝土(Steel Fiber Reinforced Concrete,简称 SFRC)是目前技术最成熟、应用最广、商业化程度最高的一种纤维混凝土,其相关工程规范、专利和标准较多[5-7],研究和应用相对比较成熟,但仍处于继续研究和不断完善的阶段。

　　目前研究较多的 SFRC 有短切 SFRC、活性粉末 SFRC、高性能 SFRC、喷射 SFRC、层布式 SFRC、泵送有机 SFRC、超高强度 SFRC、三维编织 SFRC、钢管 SFRC、大流动度超高强 SFRC、三维编织钢纤维增强渍浆混凝土、预应力钢筋 SFRC、橡胶-钢纤维混凝土、塑钢纤维混凝土、高流态泵送大掺量 SFRC、离心成型 SFRC、补偿收缩 SFRC 等。

　　对于钢纤维混凝土,现有研究主要集中在以下几方面:各种 SFRC 的制备、配合比设计、物理性能、静动态力学性能试验研究、耐久性研究、抗侵彻和爆炸研究等;SFRC 的本构关系研究及其在工程设计和数值模拟中的应用研究;SFRC 在路桥工程、机场工程、地下工程、水电工程、渠道工程、地坪工程、隧道工程、采矿工程、护坡结构、支护结构及构件加固和工程抢修中的应用研究;SFRC 结构和构件(楼盖结构、剪力墙结构、梁、柱、板、沟盖板、井盖、框架节点、框架、闸门、井壁、储罐、牛腿等)的试验研究、数值仿真、分析方法、计算方法、设计方法、寿命评估和工程应用研究;SFRC 施工技术、施工方法及质量控制等方面研究。

　　2.碳纤维混凝土

　　碳纤维混凝土(Carbon Fiber Reinforced Concrete,简称 CFRC)是混凝

土改性的一个重要途径。碳纤维凭借其高强、高弹模、轻质、抗腐蚀、耐疲劳及优良的高温稳定性等突出优点，被广泛应用于土木工程领域。将碳纤维加入到水泥基体中，制成碳纤维增强水泥基复合材料，不仅可改善水泥自身力学性能的缺陷，使其具有高强度、高模量和高韧性，更重要的是能把普通的水泥建筑材料变成对温度和压力敏感，具有自感知内部应力和损伤及一系列电磁屏蔽性能的智能材料。

CFRC 是集结构性能和多种功能于一体的复合材料，具有良好的压敏性、温敏性和电磁屏蔽特性。其良好的力学性能和独特的智能性能使其具有相当广泛的研究价值和应用潜力。

目前处于研究发展阶段的 CFRC 的种类有短切 CFRC、纳米 CFRC、碳纤维智能混凝土、纳米碳黑/碳纤维混凝土。

对于碳纤维混凝土，现有研究主要集中在以下几方面：材料的制备和宏观力学性能如强度、断裂韧度、疲劳性能、弹性模量等的试验研究；材料的本构关系研究；不同温度下的性能研究；微观结构、损伤分析研究；碳纤维混凝土压敏性应用研究；三向受压、循环加载、动载等条件下的温敏性、压敏性及其应用研究；不同加载条件下材料及构件的导电性、力电性能、电热效应及其应用研究；不同环境下材料的渗透性、机敏性、导电机理研究；CFRC 构件的制备、受力试验研究；CFRC 电热效应对承载力的影响；导电压敏性研究；材料、构件和结构智能化研究；构件承载力研究；材料和构件耐久性研究；电阻率变化率研究；电磁屏蔽特性研究；碳纤维混凝土结构健康自监测系统、结构安全监测方法研究；构件的无损检测分析等。

3. 玄武岩纤维混凝土

玄武岩纤维混凝土（Basalt Fiber Reinforced Concrete，简称 BFRC）是近几年出现的由高性能的玄武岩和混凝土复合而成的一种新型纤维混凝土材料[8]。

玄武岩纤维是以天然玄武岩矿石作为原料制成的一种非金属纤维，以其高模量、耐冲击、抗拉强度高、耐高温、抗辐射、绝缘性能好及化学性能稳定等优点，在土木、化工、消防、环保、航空航天、医学、电子、农业等军用和民用领域都得到了广泛应用[9-10]。

目前处于研究阶段的 BFRC 的种类有短切 BFRC、连续 BFRC 和高强 BFRC。

对于玄武岩纤维混凝土，现有研究主要集中于以下几方面：基本力学性能的试验研究；动态力学性能及本构关系研究；构件受力试验研究；构件耐久性研究；构件的动力响应研究；断裂韧度、韧性研究等。

4. 玻璃纤维混凝土

玻璃纤维混凝土(Glass Fiber Reinforced Concrete,简称GFRC)具有较高的抗拉、抗弯强度,抗裂能力比素混凝土高3~4倍,黏结力强,变形性能和抗老化性能好,特别适用于薄壳渡槽、钢丝网水泥闸门等建筑物的补强加固。为了防止或减缓水泥水化产生的氢氧化钙对玻璃纤维的侵蚀,一般要求采用低碱水泥;若使用普通水泥,则必须采用抗碱玻璃纤维,如对玻璃纤维涂覆抗碱涂料等。

目前处于研究阶段的GFRC有无碱GFRC、金属网抗碱GFRC、耐碱GFRC。

目前对GFRC的研究主要集中于以下几方面:配合比设计和基本力学性能试验研究;纤维含量对玻璃纤维混凝土力学性能的影响;部分力学指标的选取和计算方法;抗弯冲击性能、单轴拉伸特性、弯曲韧性试验及应用研究;GFRC模板应用研究;GFRC构件的力学性能及承载力计算;GFRC在渡槽修补、建筑装饰、屋面板、薄壳结构、路面中的应用研究;高温下GFRC的强度研究;GFRC梁挠度和裂缝宽度计算方法研究等。

5. 合成纤维混凝土

随着化学工业的发展,合成纤维的应用领域正日益扩大,合成纤维混凝土在工程领域的应用已经成为重要研究课题。同钢纤维混凝土相比,合成纤维混凝土具有纤维体积掺量少、成本低、耐化学腐蚀性好等优点,虽然对混凝土的强度和韧性的提高不及钢纤维,但对早期裂缝的限制作用和抗渗能力的提高却不亚于钢纤维。随着合成纤维各项性能的不断完善,合成纤维混凝土的各项性能也会不断提高。合成纤维已成为混凝土改性的主要技术之一,具有广阔的发展前景和应用空间。

目前使用和研究较多的合成纤维混凝土有聚丙烯纤维混凝土、聚丙烯腈纤维混凝土、芳纶纤维混凝土、聚乙烯纤维混凝土、粗合成纤维混凝土等。

对于合成纤维混凝土,现有研究主要集中于以下几方面:合成纤维混凝土的制备、细观增强机理、基本力学性能、抗冲击性能及工程应用研究;粗合成纤维混凝土的力学性能和界面黏结力学行为研究;喷射合成纤维混凝土的技术开发及应用研究;合成纤维混凝土的耐久性研究;合成纤维混凝土性能影响因素研究;合成纤维混凝土构件的加固、抗裂、抗震等研究;合成纤维混凝土的弯曲韧性、疲劳特性等力学行为及其工程应用研究;合成纤维混凝土在公路路面、机场道面、桥梁工程、厂房工程中的应用研究;高温后合成纤维混凝土的强度试验研究;粗合成纤维混凝土抗弯冲击强度研究等。

6. 混杂纤维混凝土

混杂纤维混凝土(Hybrid Fiber Reinforced Concrete,简称HFRC)也叫

复合纤维混凝土,是将两种或两种以上不同性能、不同尺寸的纤维掺入混凝土中形成的一种高性能复合混凝土材料,目的是使各种纤维之间的优势得以优化组合,提高综合效果。利用混杂纤维对混凝土进行改性研究已成为目前研制高性能纤维混凝土材料的主要方式之一,也是未来高性能水泥基复合材料的发展方向之一。

目前研究较多的混杂纤维混凝土有钢纤维-聚丙烯纤维混凝土、钢纤维-聚丙烯仿钢丝纤维混凝土、碳纤维-聚丙烯纤维混凝土、玻璃纤维-聚乙烯纤维混凝土、碳纤维-钢纤维混凝土、层布式混凝土、粗合成纤维-钢纤维混凝土、异型塑钢纤维-钢纤维混凝土、钢纤维-改性聚丙烯纤维混凝土、钢纤维-玄武岩纤维混凝土。

对于混杂纤维混凝土,现有研究集中于以下几方面:混杂纤维混凝土增强机理、抗裂机理、配合比和基本力学性能试验研究;动态压缩性能、劈拉性能、抗弯冲击性能、疲劳损伤、弯曲韧性、弯曲抗拉性能、弯曲疲劳性能试验研究;在地下支护工程、桥梁工程、路面、隧道工程、水工建筑中应用的关键技术研究;抗裂性能、抗渗性能、干缩性能、抗冻性能等耐久性试验研究;耐高温性能试验研究;动力特性试验研究;强度预测;混杂纤维混凝土力学性能的影响因素研究;强度性能试验研究等。

综上所述,纤维混凝土种类较多,研究和应用范围十分广泛。由于可应用于防护工程的纤维混凝土材料主要有钢纤维混凝土、碳纤维混凝土、玄武岩纤维混凝土和部分合成纤维混凝土(如聚丙烯纤维混凝土)[8,10],且笔者曾对碳纤维和玄武岩纤维增强混凝土材料的基本性能有过一定研究,因此笔者决定以钢纤维混凝土、碳纤维混凝土和玄武岩纤维混凝土这 3 种纤维混凝土作为研究对象展开讨论,下文提到的纤维混凝土也特指这 3 种纤维混凝土。

1.2 纤维混凝土动力特性分析的意义

许多大型的混凝土结构工程不仅承受着变化缓慢的静荷载作用,还不可避免地要承受地震等动荷载的作用;对于一些重要建筑物如核电防护设施、军事防护工程等,设计时必须考虑其承受变化剧烈的冲击荷载的可能性,必须了解所用建筑材料的动态力学性能,尤其是动态本构关系;而且近年来由爆炸、冲击等引起的事故也频繁发生,从而对混凝土结构的设计提出了新的课题,混凝土材料动力性能及其本构关系的研究成为一个热点。FRC 作为一种极具发展前景的新型混凝土类材料,对其动力性能及本构关系的研究具有重要意义。

动荷载作用下的结构的力学响应是结构动力设计必须考虑的重要因素之

一,相关研究对于提高结构的动态承载力具有重要意义;认识和掌握纤维混凝土材料在涉及高应变率的极端条件下的力学行为,对于材料在极端条件下的工程应用具有重要意义。此外,随着地震灾害的频繁发生,以及特种防护工程(如军事工程、航空航天工程等)对材料动力特性的更高要求,纤维混凝土的动力特性及其变化规律的研究正变得愈加重要和紧迫。

纤维混凝土材料的动态力学行为已成为工程研究人员非常关注的一个热点问题。

1.3 国内外研究现状

混凝土作为一种广泛应用的工程材料,其动态力学性能的研究随着人类对抗震、防爆等灾害的日益重视而得到更多的关注。纤维混凝土技术是混凝土改性研究的重要内容之一,随着纤维混凝土技术的蓬勃发展,其动态力学行为的研究也伴随混凝土材料的动力行为研究逐渐出现并增多。在早期的混凝土动态试验中,使用较多的是液压加压法和落锤试验法,随着分离式霍普金森压杆(Split Hepkinson Pressure Bar,简称 SHPB)技术的出现,SHPB 试验成为研究混凝土动态力学性能的一种重要方法。

最早由 D. A. Abrams[11] 在 1917 年进行的高、低应变率下的压缩强度对比试验,发现混凝土材料存在应变率效应。之后,国内外一些学者开始对混凝土材料进行各种力学性质的动载试验研究,但由于试验技术和试验设备的不成熟,早期的研究应变率偏低,试验方法存在问题,结果的可靠性差。20 世纪50 年代后,随着分离式霍普金森压杆技术的推广应用和数据采集设备的不断进步,试验精度和应变率范围得到提高,高应变率下混凝土的力学性能研究取得了显著成果,纤维混凝土的动态力学性能研究也取得了一定成果。以下主要就国内外关于纤维混凝土动态力学性能的研究进展进行综述。

1.3.1 纤维混凝土动态压缩力学特性研究进展

自从 D. A. Abrams 于 1917 年进行了混凝土的动态压缩试验以后,其动态抗压力学性能受到越来越多的关注,很多学者采用包括液压加压法、落锤试验法、SHPB 试验法在内的多种方法对混凝土的动态压缩力学性能进行了研究,关于纤维混凝土动态压缩力学行为的研究也逐渐出现。尤其是近年来,纤维混凝土技术的发展及工程应用大大推动了涉及纤维混凝土动态力学性能的科学研究,纤维混凝土的动态压缩力学性能作为基本动态力学性能之一,受到研究人员的极大关注,很多学者对纤维混凝土的动态压缩力学性能进行了大量深入的研究,取得了一定的成果。

近年来针对纤维混凝土的动态压缩力学行为进行的研究有如下几类：

(1)姜锡全[12]采用直径为 37 mm 的 SHPB 装置对尼龙纤维和钢纤维增强的混凝土试样进行了冲击压缩试验。

(2)T. S. Lok 等[13-14]、严少华等[15-16]、巫绪涛等[17-19]、焦楚杰等[20-23]、陈德兴等[24-25]、刘永胜等[26]、张育宁等[27]、赵碧华等[28]、李会湘等[29]利用不同直径的 SHPB 试验装置对各种钢纤维混凝土的冲击力学响应、相关力学行为、破坏形态以及钢纤维的增强增韧机理等进行了大量试验研究,并取得了一定成果。

(3)赖建中等[30]采用直径为 74 mm 的 SHPB 装置对钢纤维活性粉末混凝土圆柱形试样进行了冲击压缩试验。侯晓峰等[31]采用变截面直径为 74 mm 的霍普金森(Hopkinson)压杆对聚丙烯纤维混凝土试件进行了冲击压缩试验。胡金生等[32-33]对钢纤维混凝土、素混凝土和 5 种纤维含量的聚丙烯纤维混凝土试件进行了冲击压缩试验。黄政宇等[34]采用 Hopkinson 压杆对有约束和无约束的活性粉末混凝土、聚丙烯活性粉末混凝土和钢纤维活性粉末混凝土进行动态力学性能研究。罗立峰[35]采用改进的 SHPB 装置对素混凝土、钢纤维混凝土和钢纤维增强聚合物改性混凝土做了在不同冲击速度下的冲击试验。李元章[36-37]采用实际工程级配,对素混凝土、钢纤维混凝土、聚丙烯纤维混凝土进行了不同加载速率下的动态压缩试验研究。陈磊等[38]通过对素混凝土、钢纤维混凝土和聚丙烯纤维混凝土 3 种材料进行 SHPB 试验,系统研究了动荷载下 3 种材料试件的峰值应力、峰值应变和韧性指标。

(4)孟益平[39]采用试验得出的应力-应变曲线,通过 ANSYS/LS-DYNA 软件对 SHPB 混凝土冲击压缩试验进行数值模拟,定性地再现了试验过程。刘逸平等[40-41]利用大尺寸 Hopkinson 压杆对钢纤维增强聚合物改性混凝土进行了冲击试验,并与素混凝土、钢纤维混凝土的冲击性能进行了对比。祝文化等[42]利用 SHPB 装置对钢纤维混凝土和聚丙烯纤维混凝土进行了动态压缩力学性能试验。杨少伟等[43-44]采用改进的分离式 Hopkinson 压杆装置,对常温以及经历 400 ℃和 800 ℃高温的钢纤维混凝土进行了单轴冲击压缩试验。蒋国平等[45-48]采用变截面大尺寸 Hopkinson 压杆对聚丙烯纤维混凝土、素混凝土和钢纤维混凝土试件进行了冲击压缩试验。王乾峰等[49]进行了钢纤维混凝土在围压条件下的动态压缩试验,基于试验数据建立了不同围压和不同体积率钢纤维混凝土三向受力状态的模型。彭刚等[50-52]采用常三轴动力试验仪对不同钢纤维含量和不同围压作用下混凝土的性能和主要参数进行了试验与分析。

(5)许金余教授带领的课题组[53-68]对多种纤维体积掺量的碳纤维混凝土和玄武岩纤维混凝土的基本静力性能、动态力学行为、动态本构关系及相应的强韧化效应进行了大量试验研究和理论研究,取得了一定成果。Taner Yildirim 等[69]采用落锤冲击试验对重复冲击载荷下钢纤维、玻璃纤维、聚丙烯纤维以及混杂纤维混凝土的力学性能进行了研究。季斌等[70]成功制备出钢纤维体积百分数为 5% 和 10% 的三维编织钢纤维增强混凝土,采用直径为 75mm 的 SHPB 装置研究了混凝土基体材料及其相应的三维编织钢纤维增强混凝土试样在 3 种应变率下的冲击压缩力学性能。Z. L. Wang 等[71]通过材料测试系统(Material Test System,简称 MTS)试验和 SHPB 试验研究了 SFRC 的压缩力学行为。高乐[72]采用直径为 40 mm 的 SHPB 装置进行冲击试验,对高性能钢纤维混凝土静、动态抗压强度的影响因素进行了研究。林龙[73]对钢纤维混凝土、聚丙烯纤维混凝土和混合纤维混凝土进行了准静态和多种冲击应变率下的单轴压缩试验和劈裂拉伸试验。李智等[74-75]采用直径为 74 mm 的 SHPB 装置,分别对钢纤维-聚丙烯纤维混凝土及钢纤维混凝土材料进行了冲击压缩性能试验。杜修力等[76]采用直径为 75 mm 的 Hopkinson 压杆,对 3 种纤维含量的钢纤维高强混凝土、聚乙烯醇(PVA)纤维高强混凝土试件进行了 3 种应变率范围的冲击压缩试验。

综上所述,纤维混凝土的动态压缩力学行为得到了研究人员的极大关注,对钢纤维混凝土和聚丙烯纤维混凝土的研究相对较多,SHPB 试验方法已经成为研究纤维混凝土动态压缩力学性能的主要手段。

1.3.2　纤维混凝土动态拉伸力学特性研究进展

传统的混凝土拉伸试验方法有 3 种:劈拉试验、轴拉试验和弯拉试验。目前,用于测试混凝土材料动态拉伸性能的试验方法有电液伺服加载试验方法、落锤试验方法以及 SHPB 试验方法。电液伺服加载试验方法一般用于混凝土轴拉试验中,以获得混凝土的受拉全曲线[77-78];落锤试验方法结合弯拉试验是研究混凝土动态拉伸性能的一种常用方法[79-80];随着 SHPB 的发展,SHPB 装置和冲击拉伸霍普金森(Hopkinson)试验装置即 SHTB 装置也用于混凝土的动态拉伸性能研究中[81]。

1. 冲击劈拉试验研究主要进展

冲击劈拉试验原理简单,对试验装置要求也不高,利用普通的 SHPB 装置就可以进行试验。早在 1993 年,J. W. Tedesco 和 C. A. Ross 等[82-83]就利用直径为 51 mm 的 SHPB 装置对素混凝土巴西圆盘试样进行了动态劈拉试验。D. E. Lambert 等[84]用直径为 76 mm 的 SHPB 装置对混凝土巴西圆盘试样进行了冲击劈拉试验。J. T. Gomez 等[85]采用 SHPB 试验装置进行了素混凝土和岩石的劈拉试验,并对破坏过程进行了数值模拟。

近年来,针对纤维混凝土的冲击劈拉试验主要有以下研究:马宏伟等[86]

对混凝土的动态劈拉试验进行了数值模拟。孙伟等[87-88]对钢纤维活性粉末混凝土进行了冲击劈拉试验研究。焦楚杰等[89-90]用直径为 74 mm 的 SHPB 装置对 SFRC 的巴西圆盘试件进行了冲击劈拉试验。牛卫晶等[91]对混凝土的动态拉伸力学性能进行了试验研究。吴战飞等[92-93]对混凝土动态劈拉性能的 SHPB 试验进行了数值模拟及讨论。巫绪涛等[19,94]采用直径为 100 mm 的 SHPB 装置和巴西圆盘试件对不同钢纤维体积掺量、不同强度的 SFRC 进行了冲击劈拉试验。黄政宇等[95]采用 SHPB 装置对直径为 70 mm 的 SFRC 圆柱体试件的动态拉伸性能进行研究。秦联伟[96]采用直径为 74 mm 的直锥变截面 SHPB 压杆对级配钢纤维活性粉末混凝土动态拉伸性能进行了研究，得到了不同应变率下的混凝土劈裂拉伸强度和拉伸应力-时间曲线，并与静态试验结果进行了对比。罗章等[97]对钢纤维混凝土进行了动态劈拉试验研究。代仁强[98]利用直径为 74 mm 的 SHPB 装置和巴西圆盘试件对钢纤维高强混凝土进行了动态劈拉试验研究，提出用能量耗散衡量混凝土的动态拉伸损伤性能，并对耗散能变化规律进行研究分析。曲嘉[99]提出了混凝土材料的圆球形试样劈拉试验原理和具体操作方法，建立了圆球形试样冲击劈拉强度的测试方法，并进行了试验测试。

2. 冲击层裂拉伸试验研究主要进展

利用 SHPB 装置进行的直接层裂试验是一种研究混凝土动态拉伸性能的新手段。F. M. Mellinger 等[100]完成了两套素混凝土层裂试验，在端部施加冲击荷载，压应力波从冲击端沿试样运行，在试样的另一端反射为拉应力波。D. L. Birkimer 等[101]对 46 个素混凝土圆柱体试样进行了层裂试验。J. R. Klepaczko等[102]用直径为 40 mm 的 SHPB 装置对杆状细粒混凝土试样进行了冲击层裂拉伸试验，得到冲击层裂抗拉强度随应变率增大而增大的结果。

近年来，针对纤维混凝土的冲击层裂拉伸试验主要有以下研究：S. Harald等[103]通过直接层裂法对混凝土的动态拉伸强度和断裂能进行了研究，发现混凝土的应变率阀值为 10 s^{-1}。胡时胜、张磊等[104-106]用大直径 SHPB 装置对混凝土和钢纤维混凝土进行了冲击层裂拉伸试验，证实钢纤维的存在会对混凝土有增强和增韧效果，对钢纤维混凝土的层裂特点进行了研究。赖建中等[107]利用直径为 74 mm 的 SHPB 装置对钢纤维增强活性粉末混凝土杆状试样进行冲击层裂拉伸试验。陈柏生等[108]采用 Φ74 mm 变截面 SHPB 装置对 3 种钢纤维（钢棉、镀铜钢纤维、端钩钢纤维）及 5 种配比的活性粉末混凝土进行同一种应变率下动态层裂强度的试验测试。

3. Hopkinson 杆拉伸试验研究主要进展

还有一种利用 SHPB 装置来研究材料的动态拉伸性能的方法，那就是对

SHPB 装置进行改进,设计成分离式 Hopkinson 拉伸装置(SHTB)。通过对传统的 SHPB 试验装置进行适当改造,学者们研制出了多种类型的 Hopkinson 冲击拉伸试验装置。J. Harding 等[109]研制了套管式的 SHTB 试验装置,它利用拉杆的套管传播子弹撞击所产生的压缩波,并通过连接点将压缩比转换为输入杆中的拉伸波,从而对试件进行冲击拉伸。T. Nicholas[110]研制了反射式的 SHTB 装置,该装置利用压缩波到达自由端时可反射为拉伸波的方法实现了对试件的冲击拉伸。该装置的试验过程如下:当压缩脉冲在输入杆的自由端反射后,即成为拉伸波,它作为入射波作用于拉伸试件上,试件在该载荷的作用下高速变形,同时该波在输入杆和输出杆中产生反射波和透射波,从而利用测定的入射波、反射波和透射波得到试件的冲击拉伸特性曲线。G. H. Stabb 等[111]研制了夹具式的 SHTB 试验装置,该装置在输入杆中间安装了一套夹具,该夹具夹紧拉杆,然后预拉该拉杆的一端,释放夹具,储存在输入杆前半段的拉伸能量瞬间释放,从而产生拉伸波。彭刚等[112]利用 SHTB 装置对纤维增强复合材料的动态拉伸性能进行了研究,对加载杆中可能影响拉伸应力波波形试验分析的所有干扰波进行了较系统地定量分析研究,并提出了相应的解决方法。由于要对入射杆和透射杆进行加工处理,且试件加工复杂,精度要求高,因此,有关 SHTB 用于混凝土材料动态拉伸试验研究的报道相对较少。

1.4　纤维混凝土动力特性分析问题的提出

虽然工程材料研究人员已对纤维混凝土的动态力学性能、高温力学行为和动态本构关系展开了大量研究,取得了一定成果。对材料高温 SHPB 试验技术的研究也日渐增多,但已有研究仍存在不足之处:对纤维增强混凝土在极端工作条件下力学行为的试验和理论研究相对较少,不够全面、深入和系统,不能满足实际工程需求,亟待深入研究解决。其具体表现在以下几方面:

(1)对混凝土类材料高温 SHPB 试验技术的研究尚存在不足。例如,机械组装装置改造复杂,同步组装不易实施;加热和保温装置较为简易,试验效率较低;试验误差较大;利用大直径(如 $\Phi100$ mm SHPB)压杆装置对混凝土材料进行高温试验的研究很少,远不能满足工程应用、数值计算等需要。

(2)对纤维增强混凝土材料涉及高温、高应变率的动态力学行为的研究不足。大量研究集中在纤维增强混凝土的高温静态力学性能方面,对高温、高应变率下纤维混凝土的动态压缩和动态拉伸力学行为的研究则相对较少。

(3)对纤维增强混凝土材料动态力学性能的研究不够全面。对钢纤维动态力学性能的研究较多,对聚丙烯纤维、玄武岩纤维、碳纤维以及混杂纤维混凝土等动态力学性能的研究相对较少。

（4）对纤维增强混凝土材料在复杂工作条件下本构关系的研究不足。已有研究主要集中于钢纤维混凝土的动态本构关系研究，对聚丙烯纤维、玄武岩纤维、碳纤维以及混杂纤维混凝土等的动态本构关系的研究较少，对纤维混凝土考虑温度影响的动态本构关系的研究则更少。

（5）已有研究主要是采用小直径 SHPB 装置对混凝土巴西圆盘试件进行动态劈拉试验研究，但由于混凝土骨料尺寸较大，微观上属于不均匀材料，小直径 SHPB 试验结果不足以真实反映混凝土的宏观力学性能，而且巴西圆盘试件会造成应力集中，引起局部破坏，不利于试件中心起裂破坏的基本原理，所以很有必要利用大直径 SHPB 装置和平台巴西圆盘试件对纤维混凝土的动态劈拉性能进行研究。

针对已有研究存在的不足，笔者分别对 3 种纤维混凝土（钢纤维混凝土、碳纤维混凝土和玄武岩纤维混凝土）的动力特性，包括动态抗压力学特性和动态劈拉力学特性展开研究。

1.5　纤维混凝土动力特性分析的方法和内容

本书以在 C60 混凝土中分别掺入铣削型钢纤维（纤维体积掺量分别为 0.4％,0.7％和 1.0％）、短切玄武岩纤维（纤维体积掺量分别为 0.1％,0.2％和 0.3％）和短切碳纤维（纤维体积掺量分别为 0.1％,0.2％和 0.3％）制备成的钢纤维混凝土（SFRC）、玄武岩纤维混凝土（BFRC）和碳纤维混凝土（CFRC）为研究对象，以分离式霍普金森压杆试验为主要研究方法，以理论研究和数值分析为辅助研究方法，围绕纤维混凝土的动力特性，包括动态抗压力学特性和动态劈拉力学特性展开研究。

概括起来，书中所述的主要内容如下：

（1）基于近年来国内外对纤维混凝土的研究成果，针对存在的不足和局限，阐述纤维混凝土动力特性分析的重要性，提出纤维混凝土动力特性分析的方法和内容。

（2）采用电液伺服压力试验机对钢纤维、碳纤维和玄武岩纤维混凝土的基本静态力学性能进行对比试验研究，包括抗压强度、抗折强度、劈拉强度以及破坏形态，对试验结果进行讨论和分析。

（3）对混凝土类材料动力特性的 SHPB 试验技术展开研究，介绍现有的常温 SHPB 试验技术和波形整形技术，提出一套由自主设计的温控系统和 Φ100 mm SHPB 装置组成的高温 SHPB 试验系统，介绍了其组成、特点及工作原理，分别采用简化理论模型和 ANSYS 程序对压杆和混凝土试件之间的界面热传导及其对试验技术可靠性的影响进行计算分析,论证了试验技术的可靠性。

(4)利用常温 SHPB 试验技术分别对钢纤维、碳纤维和玄武岩纤维混凝土的动态压缩力学特性进行试验研究,对比分析其动态抗压强度、动态压缩变形、动态压缩韧性以及破坏形态的变化规律,分析其变化机理。

(5)采用 $\Phi100$ mm SHPB 装置对纤维混凝土的平台巴西圆盘试件进行冲击劈拉试验,对比研究 3 种纤维混凝土的动态拉伸力学特性,讨论分析纤维混凝土动态劈拉强度、动态劈拉韧性以及破坏形态的变化规律,并对纤维混凝土的动态增强效应进行机理分析。

(6)利用提出的高温 SHPB 试验技术分别对钢纤维、碳纤维和玄武岩纤维混凝土的高温动态压缩力学性能进行试验研究,对比分析其动态抗压强度、动态压缩变形、动态压缩韧性以及破坏形态的变化规律,分析其变化机理。

(7)在试验的基础上,对纤维混凝土的动态本构关系展开研究,旨在建立一种能够合理描述纤维混凝土动态力学行为的动态本构模型,并运用建立的本构模型来计算纤维混凝土在不同温度和加载速率下的应力-应变关系,为纤维混凝土的工程应用提供重要指导依据。

第2章 纤维混凝土的静力特性

2.1 引 言

混凝土材料的静态力学性能作为最基本、最重要的力学性能,既是混凝土结构设计的重要内容,也是材料动态力学性能分析的重要基础。纤维混凝土材料的静态力学性能研究既能为其工程应用提供重要理论依据,也能为其动态力学性能研究提供重要的参考指标,是其动态力学性能研究的重要组成部分。

本章对素混凝土(PC)、钢纤维混凝土(SFRC,纤维体积掺量分别为0.4%、0.7%和1.0%)、玄武岩纤维混凝土(BFRC,纤维体积掺量分别为0.1%、0.2%和0.3%)和碳纤维混凝土(CFRC,纤维体积掺量分别为0.1%、0.2%和0.3%)进行静态力学性能对比试验,包括抗压强度、抗折强度和劈裂抗拉强度测试,讨论了纤维混凝土(FRC)的静态强度随纤维种类和纤维体积掺量的变化规律,对破坏形态进行了对比研究,并对纤维增强机理进行了理论分析。

2.2 试验原料、配比和试验结果

试验原料:水泥、粗骨料、细骨料、水、减水剂、钢纤维、玄武岩纤维和碳纤维等。

(1)水泥:选用陕西耀县秦岭牌42.5R P·O水泥。

(2)硅灰:选用西安霖源微硅粉有限公司生产的微硅粉,平均粒径为0.1~0.15 μm,比表面积为15~27 m²/g,SiO₂ 质量百分数为92%。

(3)粉煤灰:由韩城第二发电厂提供,密度为 2.05 g/cm³,比表面积≥355 m²/kg。

(4)粗骨料:选用泾阳县石灰岩碎石,粒径为5~20 mm,密度为2.70 g/cm³,堆积密度为1.62 g/cm³,含泥质量百分数为0.2%。

(5)细骨料:选用灞河中砂,细度模数为2.78,级配合格,密度为2.63 g/cm³,堆积密度为1.50 g/cm³,含泥质量百分数为1.1%。

(6)水:自来水。

(7)减水剂:选用广州建宝新型建材有限公司生产的 FDN 高效减水剂,为黄褐色粉末,体积掺量为 1%,减水率为 20%。

(8)钢纤维:选用由陕西群彬科技发展有限公司生产的"凯文斯"铣削型钢纤维。铣削型钢纤维是一种抗折效果良好、单根强度很好的新型产品,施工方便,散落度好,易拌合,掺量小,经济性高。该纤维一般形状为波浪形,样品如图 2.1 所示。

(9)玄武岩纤维:选用由横店集团上海俄金玄武岩纤维有限公司提供的短切玄武岩纤维,样品如图 2.2 所示。

(10)碳纤维:选用日本东丽公司生产的沥青基短切碳纤维,样品如图 2.3 所示。

图 2.1 铣削型钢纤维　　图 2.2 短切玄武岩纤维　　图 2.3 短切碳纤维

钢纤维、玄武岩纤维和碳纤维的基本物理、力学性能指标见表 2.1。

表 2.1 钢纤维、玄武岩纤维和碳纤维的物理、力学性能指标

参数 纤维 种类	单丝直径 μm	短切长度 mm	密度 kg·m⁻³	弹性模量 GPa	最高工作 温度 ℃	熔点 ℃	抗拉强度 MPa	极限伸 长率 %
钢纤维	800	38	7 850	206	540	1 500	>600	
玄武岩 纤维	15	18	2 650	93~110	650	960	4 150~ 4 800	3.1
碳纤维	7	6	1 760	200	500		>3 000	1.5

混凝土基体的配合比见表 2.2,钢纤维的体积掺量分别为 0.4%,0.7% 和 1.0%,玄武岩纤维和碳纤维的体积掺量均分别为 0.1%,0.2% 和 0.3%。

表 2.2 混凝土配合比　　　　　单位:kg/m³

水泥	硅灰	粉煤灰	砂	碎石	水	高效减水剂(FDN)
375	25	125	690	1 030	180	5

根据《素混凝土力学性能试验法标准》(GB/T 50081—2002),按照表 2.2

的配比,分别制作素混凝土(PC)、钢纤维混凝土(SFRC)、玄武岩纤维混凝土(BFRC)和碳纤维混凝土(CFRC)标准试件,立方体试件规格为150 mm(长)×150 mm(宽)×150 mm(高);长方体试件规格为600 mm(长)×150 mm(宽)×150 mm(高),对制备的试件进行标准养护($T=(20\pm2)$℃,相对湿度 RH>95%),28 d 后进行试验。

试验内容包括:抗压强度、抗折强度和劈裂抗拉强度测试。抗压强度试验和劈裂抗拉强度试验采用液压伺服压力试验系统进行,抗折强度试验采用抗折试验机进行。液压伺服试验机如图 2.4 所示,混凝土抗折试验机如图 2.5所示,图 2.6 所示为准备进行试验的 FRC 立方体试件。

图 2.4　液压伺服试验机　　图 2.5　混凝土抗折试验机　　图 2.6　FRC 立方体试件

标准养护 28 d 后,素混凝土(PC)、钢纤维混凝土(SFRC)、玄武岩纤维混凝土(BFRC)和碳纤维混凝土(CFRC)试件抗压强度、劈裂抗拉强度和抗折强度测定结果见表 2.3。

表 2.3　FRC 静态力学性能试验结果

参数 试件种类	纤维体积 掺量 V_f/(%)	抗压强度 f_{cs}/MPa	劈裂抗拉强度 $f_{st,s}$/MPa	抗折强度 f_f/MPa
PC		60.4	4.53	9.0
SFRC	0.4	65.0	5.56	9.2
	0.7	67.1	6.02	9.6
	1.0	69.4	6.32	9.9
BFRC	0.1	64.5	4.50	8.4
	0.2	77.0	5.90	9.5
	0.3	64.7	4.89	9.2
CFRC	0.1	72.6	5.22	9.6
	0.2	57.4	3.86	8.7
	0.3	68.9	5.05	9.1

2.3 纤维混凝土静力特性分析

2.3.1 抗压强度对比分析

为对比分析 3 种纤维对混凝土抗压强度的改善效果,考察纤维体积掺量 V_f 与抗压强度 f_{cs} 之间的关系,图 2.7 表示了 3 种 FRC 抗压强度 f_{cs} 对比分析折线图,图中虚线代表 PC 的静态抗压强度,横坐标 V_f 为纤维体积掺量。由图 2.7 可见,3 种纤维都能提高混凝土基体的强度。钢纤维的抗压强度随纤维体积掺量的增大而增长。当纤维体积掺量分别为 0.4%,0.7% 和 1.0% 时,增幅分别为 7.6%,11.1% 和 14.9%;当玄武岩纤维体积掺量为 0.1% 和 0.3% 时,增幅分别为 6.8% 和 7.1%,当体积掺量为 0.2% 时,增幅为 27.4%;当碳纤维体积掺量为 0.1% 和 0.3% 时,增幅分别为 20.2% 和 14.0%,当体积掺量为 0.2% 时,降幅为 4.9%。

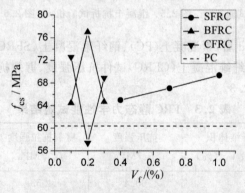

图 2.7 FRC 抗压强度 f_{cs} 对比分析

钢纤维、玄武岩纤维和碳纤维对混凝土抗压强度的最大增幅分别为 14.9%($V_f = 1.0$%),27.4%($V_f = 0.2$%)和 20.2%($V_f = 0.1$%)。

2.3.2 劈裂抗拉强度对比分析

为对比分析 3 种纤维对混凝土劈裂抗拉强度的改善效果,考察纤维体积掺量 V_f 与劈裂抗拉强度 $f_{st,s}$ 之间的关系,图 2.8 表示了 3 种 FRC 劈裂抗拉强度 $f_{st,s}$ 对比分析折线图,图中虚线代表 PC 的劈裂抗拉强度。由图 2.8 可见,钢纤维的劈裂抗拉强度随纤维体积掺量的增大而增大,当钢纤维体积掺量分别为 0.4%,0.7% 和 1.0% 时,增幅分别为 22.7%,32.9% 和 39.5%;当玄武岩纤维体积掺量为 0.2% 和 0.3% 时,增幅分别为 30.2% 和 7.9%,体积掺量为 0.1％时,降幅为 0.7％;当碳纤维体积掺量为 0.1％和 0.3％时,增幅分别为 15.2％和 11.5％,当体积掺量为 0.2％时,降幅为 14.8％。

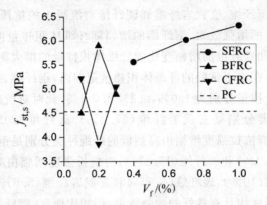

图 2.8　FRC 劈裂抗拉强度 $f_{st,s}$ 对比分析

钢纤维、玄武岩纤维和碳纤维对混凝土劈裂抗拉强度的最大增幅分别为 39.5％($V_f=1.0$％),30.2％($V_f=0.2$％)和 15.2％($V_f=0.1$％)。

2.3.3　抗折强度对比分析

为对比分析 3 种纤维对混凝土抗折强度的改善效果,考察纤维体积掺量 V_f 与抗折强度 f_f 之间的关系,图 2.9 表示了 3 种 FRC 抗折强度 f_f 对比分析折线图,图中虚线代表 PC 的抗折强度。由图 2.9 可见,钢纤维的抗折强度随纤维体积掺量的增大而增大。当钢纤维体积掺量分别为 0.4％,0.7％和 1.0％时,增幅分别为 2.2％,6.7％和 10％;当玄武岩纤维体积掺量为 0.2％和 0.3％时,增幅分别为 5.6％和 2.2％,当体积掺量为 0.1％时,降幅为6.7％;当碳纤维体积掺量为 0.1％和 0.3％时,增幅分别为 6.7％和 1.1％,当体积掺量为 0.2％时,降幅为 3.3％。

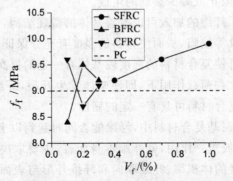

图 2.9　FRC 抗折强度 f_f 对比分析

钢纤维、玄武岩纤维和碳纤维对混凝土抗折强度的最大增幅分别为 10%（$V_f=1.0\%$），5.6%（$V_f=0.2\%$）和 6.7%（$V_f=0.1\%$）。

综上所述，钢纤维、玄武岩纤维和碳纤维对混凝土的抗压、劈裂抗拉和抗折强度都有显著的增强效果，钢纤维的增幅随纤维体积掺量的增大而不断增加，玄武岩纤维和碳纤维的增幅变化随纤维体积掺量的增大则有所不同，存在相对最佳掺量。在本书试验的纤维体积掺量范围内，钢纤维、玄武岩纤维和碳纤维的相对最佳掺量分别为 1.0%、0.2% 和 0.1%，此时对抗压强度增幅由高到低的纤维种类分别是玄武岩纤维（27.4%）、碳纤维（20.2%）和钢纤维（14.9%）；对劈裂抗拉强度增幅由高到低的纤维种类分别是钢纤维（39.5%）、玄武岩纤维（30.2%）和碳纤维（15.2%）；对抗折强度增幅由高到低的纤维种类分别是钢纤维（10%）、碳纤维（6.7%）和玄武岩纤维（5.6%）。说明 3 种纤维对混凝土的强度均具有良好的增强效果，但相比而言，钢纤维对劈裂抗拉强度和抗折强度的增强效果优于玄武岩纤维和碳纤维；玄武岩纤维对抗压强度的增强效果优于钢纤维和碳纤维。

2.4　纤维增强机理分析

混凝土类材料在承受荷载前已存在微裂纹和微孔洞等微损伤，这些损伤多数为粗骨料与水泥砂浆之间的界面裂纹。随着荷载增大，界面微裂纹诱发开裂，逐渐扩展，直至断裂。混凝土脆性较大，加入纤维的主要目的在于改善其脆性。一般情况下，纤维在基体材料中主要起着以下三方面的作用：

（1）阻裂作用。纤维可阻止基体中微裂缝的产生与发展，这种阻裂作用存在于基体硬化的整个阶段。均匀分布于基体中的纤维可承受因塑性收缩引起的拉应力，从而阻止或减少裂缝的生成与扩展。基体硬化后，周围环境温度与湿度发生变化，当由干缩引起的拉应力超过其抗拉强度时，也极易生成大量裂缝，此时，纤维也可阻止或减少裂缝的生成。

（2）增强作用。纤维的加入可以改善基体的微观结构，使材料结构更加密实，减少内部微裂纹等缺陷，从而使材料的强度有充分保证。当所用纤维的品种与掺量合适时，可使复合材料的强度较基体有一定的提高。

（3）增韧作用。在荷载作用下，即使基体发生开裂，纤维仍可横跨裂缝承受拉应力，意味着复合材料可具有一定的韧性。

在纤维增强水泥基复合材料中，纤维能否同时起到以上三方面的作用，或只起到其中两方面或单一作用，就纤维本身而言，主要取决于纤维品种、纤维长度与长径比、纤维的体积率、纤维取向和纤维外形与表面状况等 5 个因素。水泥基体在纤维增强水泥基复合材料中主要起着黏结纤维、承受外压和传递应力的作用,影响水泥基体作用效果的主要因素是它本身的组成,包括原料性能与组成、水灰比等因素。

本章中,钢纤维、玄武岩纤维和碳纤维对混凝土的阻裂增强作用也受纤维特性、基体组成特性等多种因素的影响。在纤维含量及特征参数适宜,混合料均匀搅拌成型的情况下,纤维增强水泥基复合材料强度的大小取决于基体的性能。掺入纤维并不一定能提高基体强度,有时甚至会降低基体强度,纤维的掺入能否提高基体强度及提高幅度的大小与基体的组成特征有很大关系。

从静态试验结果来看,总体上,钢纤维、玄武岩纤维和碳纤维对混凝土的阻裂增强作用是良好的,都能提高混凝土的抗压强度、劈裂抗拉强度和抗折强度。但由于纤维种类和掺量不同,增强效果也不同,所以这与纤维材料在混凝土中的作用机理是一致的。

2.5　小　　结

本章测试了素混凝土(PC)、钢纤维混凝土(SFRC,纤维体积掺量分别为0.4%,0.7%和1.0%)、玄武岩纤维混凝土(BFRC,纤维体积掺量分别为0.1%,0.2%和0.3%)和碳纤维混凝土(CFRC,纤维体积掺量分别为0.1%,0.2%和0.3%)的静态抗压强度、劈裂抗拉强度和抗折强度,讨论了纤维混凝土(FRC)的静态强度随纤维种类和纤维体积掺量的变化规律,并对纤维增强机理进行了理论分析,得到以下结论:

(1)钢纤维、玄武岩纤维和碳纤维对混凝土的静态强度均具有良好的增强效果,增强效果受纤维种类、纤维体积掺量等因素的影响。在本书试验的纤维体积掺量范围内,钢纤维、玄武岩纤维和碳纤维的相对最佳体积掺量分别为1.0%,0.2%和0.1%。

(2)总体上,钢纤维对劈裂抗拉强度和抗折强度的增强效果优于玄武岩纤维和碳纤维;玄武岩纤维对抗压强度的增强效果优于钢纤维和碳纤维。

第3章 混凝土材料动力特性的 SHPB 试验技术

3.1 引　　言

SHPB 试验是目前用来测试固体材料高应变率冲击力学性能的一种主要试验手段,被普遍应用于混凝土、岩石、金属等多种材料动态力学性能的研究中。

本章对混凝土类材料动力特性的 SHPB 试验技术展开研究,介绍现有的常温 SHPB 试验技术和波形整形技术;提出一套由自主设计的温控系统和 Φ100 mm SHPB 装置组成的高温 SHPB 试验系统,介绍了其组成、特点及工作原理;分别采用简化理论模型和 ANSYS 程序对压杆和混凝土试件之间的界面热传导及其对试验技术可靠性的影响进行计算分析,论证了试验技术的可靠性。

3.2　常温 SHPB 试验技术

Φ100 mm SHPB 装置(见图 3.1)主要由主体设备、能源系统和测试系统三大部分组成。

(1)主体设备。主体设备主要包括杆件发射装置、杆件加速管、打击杆、输入杆、输出杆、吸能装置、杆件调整支架、操纵台等零部件。其中,压杆的直径为 100 mm,输入杆、输出杆和吸收杆的长度分别为 4.5 m,2.5 m 和 1.8 m,材料均为 48CrMoA,弹性模量为 210 GPa,泊松比为 0.25～0.3,密度为 7 850 kg/m³,可选择的子弹(打击杆)长度有 1.6 m,1.0 m 和 0.5 m 等。由于输入杆、输出杆和吸收杆的支座采用滚珠轴承,所以轻便灵巧,大大减少大直径杆件运动时的摩擦力。子弹的动能吸收采用缓冲装置,包括弹簧的能量转换和空气的阻尼吸收两部分。

(2)能源系统。能源系统主要包括空压机、气包、管道等。

(3)测试系统。测试系统主要包括速度测试系统、应变测试系统。采用测时仪记录时间,压杆上的应变信号数据经由超动态应变仪放大,并由瞬态波形储存器采集记录。

图 3.1 $\Phi100\ \text{mm}$ SHPB 装置

试验时,撞击杆在炮膛中由高压气体推动作用加速到一定的速度,沿轴向撞击输出杆的端部,在输入杆中产生一个持续一定时间的入射压缩应力波,持续时间取决于撞击杆长度。假定输入杆和输出杆只发生弹性变形,杆中应力波进行一维传播。当初始的压力波经撞击杆的自由端反射成一个拉力波并回到撞击面时,撞击杆就对输入杆卸载了,因此在输入杆中产生波长为撞击杆长度两倍的入射应力波。当应力波到达试样时,将反射一个波返回到输入杆中,并经过试样透射一个波进入到输出杆中,透射波能量被吸收杆及阻尼器吸收。

压杆中的脉冲信号通过应变片来测量,输入杆表面的应变片测量入射波和反射波应变随时间变化的过程为 $\varepsilon_i(t)$ 和 $\varepsilon_r(t)$,输出杆表面的应变片测量透射波应变随时间变化的过程为 $\varepsilon_t(t)$。假定压杆为同一种材料并具有相同的横截面积,压杆的弹性模量、波速和横截面积分别为 E, c, A,试件的横截面积和厚度分别为 A_s 和 l_s。根据应力波传播理论,利用应变片测量入射、反射、透射信号,即 $\varepsilon_i(t)$,$\varepsilon_r(t)$ 和 $\varepsilon_t(t)$ 就可以确定试件中的应力-应变关系。

数据处理根据均匀假定($\varepsilon_i + \varepsilon_r = \varepsilon_t$),采用三波法[113],由 ε_i,ε_r 和 ε_t 求得试件中的平均应力、平均应变率和平均应变分别为

$$
\left.
\begin{aligned}
\sigma_s(t) &= \frac{EA}{2A_s}\left[\varepsilon_i(t) + \varepsilon_r(t) + \varepsilon_t(t)\right] \\
\dot{\varepsilon}_s(t) &= \frac{c}{l_s}\left[\varepsilon_i(t) - \varepsilon_r(t) - \varepsilon_t(t)\right] \\
\varepsilon_s(t) &= \int_0^t \dot{\varepsilon}_s(\tau)\,\mathrm{d}\tau
\end{aligned}
\right\}
\tag{3.1}
$$

式中　ε_i,ε_r 和 ε_t —— 分别为杆中的入射、反射、透射应变;

A, A_s —— 杆、试件的横截面积;

E —— 杆的弹性模量;

c —— 杆中波速;

l_s —— 试件的初始厚度。

根据式(3.1)可得到材料的动态应力-应变关系。

3.3　波形整形技术

SHPB试验技术是建立在两个基本假定基础上的:杆中一维应力波假定和短试件沿其长度应力(应变)均匀分布假定。传统SHPB试验通常采用矩形应力波进行加载,根据一维应力波假定,当矩形波在压杆中传播时波形是不会改变的,但对于测量混凝土材料的大尺寸SHPB装置,由不同谐波组成的矩形应力脉冲会以不同的速度进行传播。频率高的应力脉冲传播得慢,频率低的应力脉冲传播得快,因此在压杆中传播的任意矩形应力脉冲将发生弥散,即由压杆中质点横向运动引起的弥散效应。由于弥散现象,在波头处会产生一个高出其正常峰值平台的高峰值振荡区,导致波形改变,不能满足一维假定。对于破坏应变较小的混凝土材料,在试件内部的应力未达到均匀化之前就已破坏,因此也不能满足应力均匀假定。

采用入射波整形技术[114-116]改变加载波形,将传统矩形加载波变成半正弦波或三角形加载波,是解决弥散效应问题的有效手段,已被成功应用于多种材料的SHPB试验。对于混凝土的大直径SHPB试验,半正弦加载波是比矩形波优越的理想加载波形。

本书采用H62黄铜波形整形器对入射波进行整形,整形器厚度为1 mm,直径分别为20 mm,22 mm,25 mm,27 mm,30 mm,采用500 mm长的射弹。试验时,在输入杆撞击端的中心位置用真空脂粘贴上整形器,如图3.2所示,使撞击杆在碰撞加载过程中先撞击整形器,再通过整形器将加载应力波传入输入杆。这时,加载波的波形就会发生变化。

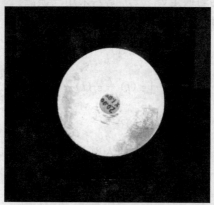

图3.2　波形整形器的粘贴

试验结果表明,整形后的入射脉冲呈半正弦状,不仅消除了过冲及高频振荡,避免了应力波弥散效应,还可以延长入射脉冲升时,让试件有足够的时间达到应力均匀。瞬态波形储存器采集到的原始波形如图 3.3 所示,图 3.4 给出了整形后典型的应力脉冲波形。

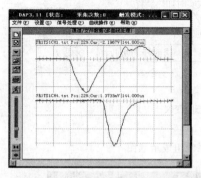

图 3.3　采集到的原始波形

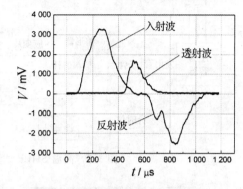

图 3.4　整形后典型的应力脉冲波形

3.4　高温 SHPB 试验技术

高温 SHPB 试验是用于测试材料高温动态力学性能的重要手段。该试验中的高温加载关键技术一直是研究中的热点和难点,当高温 SHPB 试验被用来研究混凝土材料的高温动态力学性能时,必须首先对适用于混凝土材料的高温试验技术进行研究,这是保证试验顺利完成的重要前提。

本节对适用于混凝土材料的高温 SHPB 试验技术展开研究,重点介绍由自主研制的温控系统和常规 Φ100 mm SHPB 装置组装的高温 SHPB 试验系统的组成、特点及工作原理,论述了混凝土材料大直径 SHPB 试验的关键技术环节,通过理论建模和数值模拟对高温 SHPB 试验中的界面热传导及其对试验结果的影响进行了计算分析,论证了试验技术的可靠性。

3.4.1　高温 SHPB 试验系统组成

高温 SHPB 试验系统由常规 Φ100 mm SHPB 装置和自主研制的温控系统组成。图 3.5 所示为高温 SHPB 试验系统的组成示意图。

高温下混凝土力学性能的试验装置,至今尚无定型的成套设备可供购置,一般都由研究单位自行研制或委托有关工厂设计、制造。笔者根据混凝土材料高温 SHPB 试验的技术要求自主研制出一套温控系统。该系统专为在 SHPB 装置上进行混凝土材料的高温加载而设计,由箱式预热炉和管式实时加热装置组成。如图 3.6 所示为箱式预热炉实物图,图 3.7 所示为管式实时加热装置加热外观图,图 3.8 所示为管式实时加热装置内部组成示意图,图 3.9 所示为管式实时加热装置与 SHPB 装置组装实物图。

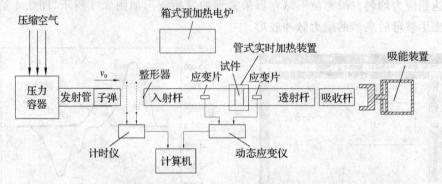

图 3.5　高温 SHPB 试验系统组成示意图

图 3.6　箱式预热炉

图 3.7　管式实时加热装置

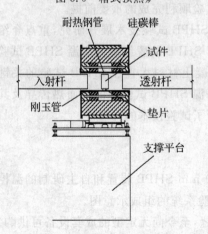

图 3.8　管式实时加热装置内部组成示意图

图 3.9　管式实时加热装置与 SHPB
装置组装实物图

　　管式实时加热装置安装于 SHPB 装置的入射杆和透射杆之间,可单独利用管式实时加热装置进行高温试验,但加热时间较长,试验效率比较低。箱式预加热炉和管式实时加热装置结合使用,可先用箱式预加热炉对多个试件同时进行热处理,之后逐一利用管式实时加热装置进行高温冲击试验,能大大提高试验效率。

箱式预加热炉加热元件采用"U"形硅碳棒,均布炉膛内两侧,炉膛空间尺寸约为 720 mm×300 mm×350 mm(长×宽×高),采用人工智能型参数控温,炉温控制精度为±1 ℃,最高加热温度为 1 300 ℃,可通过电脑对电炉实施监控、温度记录等功能,可用来对多个试件同时进行热处理。

管式实时加热装置由支撑平台和管式加热炉组成,管式加热炉位于支撑平台之上。支撑平台上设有滑动轨道,整个炉体可以沿轨道前后、左右滑动以方便取放试件和调节位置,同时整个炉体可上下调节。管式加热炉加热元件采用耐高温硅碳棒,沿圆周均匀布置,工作区尺寸为 Φ120 mm×100 mm,内部为圆形炉膛,试件及刚玉管放在其中,其中与工件接触部分采用耐热钢管,以防止试件破碎损坏炉膛。采用智能控制,可根据设定温度自动调节输出功率的大小,控温精度为±2 ℃,最高工作温度可达 1 200 ℃。

由于利用箱式预加热电炉对多个试件进行预加热,然后逐一装入管式实时加热装置进行冲击加载,试验效率得到大大提高。箱式预加热电炉和管式实时加热装置均采用自动控制,可预先设定程序,并根据炉内温度变化控制输出功率,确保温度稳定。整个温控系统具有结构简单、操作方便、控温准确、效率高的特点。由自主研制的温控系统和常规 Φ100 mm SHPB 装置组成的高温 SHPB 试验系统可应用于混凝土、岩石等脆性材料大尺寸试件的高温动态力学性能试验研究。

3.4.2　高温 SHPB 试验系统工作原理

1. 试件组装及定位

(1)试件组装。试件组装是采取依托管式实时加热装置进行人工组装的方法。具体过程如下:常温下,当入射杆和透射杆被推入管式炉内,并与试件紧密接触时,在压杆上做好标记;高温下,当管式炉中的试件恒温加热到预定时间时,组装人员手动打开端盖,人工快速推动压杆到标记好的位置,在压杆和试件接触的瞬时下达触发子弹的口令,并迅速离开;操作触发子弹人员听到口令的瞬时按下触发按钮,进行加载,待加载完毕,再迅速将入射杆和透射杆推出进行冷却。

依托管式实时加热装置进行人工组装,具有操作简便、试验过程简单、组装成功率高的优点,尤其是可以通过自行研制的管式实时加热装置对试件进行定位和实时控温,大大提高了组装过程的安全性和测试温度的准确性。

经过计算和测试,人工组装可将高温试件和常温压杆之间的"冷接触时间"(Cold Contact Time,简称 CCT)(即压杆与试件完成对接到入射波到达试件端面的延时)控制在 0.5 s 以内,这是目前不使用机械装置进行组装所能达到的普遍时间[117]。

(2)试件定位。通过调节炉体上下、左右和前后位置,利用耐热垫片对试件进行定位。首先调节管式炉位置,使其轴线与压杆轴线对齐,然后利用设计的夹具将垫片和试件先后装入炉内,再利用垫片和设计的辅助调节工具调节试件位置,使试件的轴线与炉体和压杆的轴线对齐。

(3)对杆方法。根据试件定位位置和炉体尺寸,当入射杆和透射杆与试件紧密接触时,在两杆上做好标记,对杆时同时缓慢推动入射杆和透射杆进入炉内。当两杆推入炉内到标记好的位置时,两边同时用力,可确保接触良好,也能避免试件运动,造成定位不准。

2. 工作流程

高温 SHPB 试验系统的工作流程如下:先将加工好的多个试件放入箱式预加热电炉进行预加热,预加热的同时完成其他冲击加载前的充气、软件设置等准备工作;待加热到指定温度并保温一定时间以后,逐一取出试件,放入管式实时加热装置,定位并进行温度控制,确保温度恒定;待管式炉内温度稳定以后,迅速推动入射杆和透射杆到指定位置,同时下达口令,触发子弹,完成冲击加载。在整个加载过程中,试件一直位于管式炉内,通过温控程序可将试件温度维持在设定值。

3.5 高温 SHPB 试验中的界面热传导及其对试验结果的影响

高温 SHPB 试验技术作为一种材料试验技术,理论上要求试件的温度均匀,但由于压杆和试件开始接触时,彼此存在较大的温差,试件和导杆之间的热传导会造成试件端部的温度不断下降,并使与试件接触的压杆端部温度上升,不可避免地影响了试件温度场的均匀性和试验温度的准确性,并有可能使压杆端部温度过高,从而影响压杆的弹性性能。这些影响均会产生试验误差,当误差过大时就会造成高温动态试验结果不能反映材料真实的性能,使试验技术不可靠。

本节对高温冲击试验中的界面热传导及其影响进行研究,旨在证明本书提出的高温试验技术的有效性。根据试验条件和试验对象,分析界面热传导对试件温度均匀性、准确性,以及压杆端部温升的影响程度。通过定量研究界面热传导的影响程度,定性研究这种影响在本书所述的试验技术条件下是否可以忽略不计,论证试验技术的可靠性。

3.5.1　冷接触时间 CCT

采用只对试件加热,然后将试件安装到 SHPB 系统中的方法进行高温试验的技术关键在于试件加热、定位、组装等装置的合理设计及准确使用,要求设备控温准确,"冷接触时间"足够短,确保试件和波导杆之间的热传导所导致的试件的温度分布不均匀性、整体温度下降和压杆局部温升对试验结果产生的影响足够小,可以忽略不计。

已有研究[117-119]认为,CCT 是进行高温动态试验技术分析必须考虑的一个重要参数,因为 CCT 决定界面热传导对试件温度均匀性、准确性和压杆端部温升的影响程度。理论上,CCT 越短越好,因为 CCT 越短,对试验结果的影响就越小;但从技术上来说,将冷接触时间控制在极小值是很困难的。冷接触时间应该有一个临界值[117],当冷接触时间在临界值以内时,热传导的影响可以忽略不计,这个临界值应该既能满足使试验技术可靠的最小要求,又能使技术简便可行。从已有研究来看,冷接触时间临界值的确定必须考虑具体的试验条件和试验对象,不同试验条件和试验对象的临界值是不同的。关于冷接触时间对混凝土材料大直径 SHPB 高温动态试验结果影响的研究目前尚未看到。

本书描述的高温加载技术主要是为在较大直径的合金钢材质压杆上进行混凝土、岩石等脆性和热惰性材料的高温冲击试验而设计的。利用自主设计的温控系统进行温控和定位,使试验温度的准确性和试件温度均匀性大大提高,采用人工组装的方法,冷接触时间能控制在 0.5 s 以内。问题的关键在于:CCT 临界值是多少? 当 CCT 在 0.5 s 以内时,能否满足技术要求? 下面分别通过简化理论模型和 ANSYS 程序对混凝土高温动态试验中的温度场进行计算分析,以确定 CCT 临界值。

3.5.2　热传导的简化理论模型

3.5.2.1　材料的热工性能指标

1. 混凝土材料的热工性能指标

混凝土的热工性能指标主要包括热导率、比热容、质量密度和热膨胀系数。当混凝土处在非均匀温度或环境温度发生变化时,结构内部材料之间以及结构与边界介质之间将产生热交换。随着混凝土内部温度场发生变化,其热工性能指标也随之而变。而热工性能指标的变化,又会影响混凝土内部温度场的分布。

因此,当分析材料温度场时,必须掌握材料的基本热工性能指标。这些参数的数值因材料而异,随温度的升高而呈非线性变化,且因原材料的矿物化学成分、配合比和含水率等因素的差别而有较大变化。

(1) 质量密度 ρ_c。混凝土在高温下由于水分的蒸发,质量密度有所降低。一般轻骨料混凝土质量密度的减少比素混凝土略大,但总的来说温度影响不大。当实际计算高温反应时,常把混凝土的质量密度看作常数,计算时一般取 $\rho_c = 2\ 400\ \text{kg/m}^3$。

(2) 热膨胀系数 α_c。混凝土在一次升温过程中体积膨胀,其热应变 ε_{th} 的变化规律类似,但应变值因骨料而不等,轻骨料混凝土的热膨胀变形要小得多。当温度 $T < 200\ ℃$ 时,混凝土内的固体成分(即粗骨料和水泥砂浆)体积膨胀,又因失水而收缩,二者相抵,变形增长缓慢;当 $T > 300\ ℃$ 时,混凝土内的固体成分继续膨胀,内部裂缝的出现和发展使变形加速增长;当 $T > 600\ ℃$ 时,有些混凝土的温度膨胀变形减慢,甚至停滞,可能是骨料矿物成分的结晶发生变化,或者内部损伤的积累妨碍继续膨胀变形。按照定义,混凝土的平均线膨胀系数可以用量测的温度变形来计算:

$$\bar{\alpha}_c(T) = \frac{\varepsilon_{th}}{T - T_0} \tag{3.2}$$

热膨胀系数 α_c 的值一般为 $(6 \sim 30) \times 10^{-6}\ \text{K}^{-1}$,随温度 T 成非线性变化。

(3) 质量热容或称比热容 C_c。比热容是指单位质量的材料当温度升高(或降低)1 K(或 1 ℃)所需吸入(或放出)的热量,单位为 J/(kg·K),可表示为

$$C_c = \frac{\Delta Q}{m \Delta T_c} \tag{3.3}$$

式中　　ΔQ —— 吸收或放出的热量,J;

　　　　ΔT_c —— 材料温度升高的幅度,K;

　　　　m —— 材料的质量,kg。

混凝土的比热容随温度的升高而缓慢增大,但在 $T = 100\ ℃$(即 373 K)附近,因水分蒸发,吸收汽化热而出现一尖峰。不同的骨料对混凝土的影响不大。

(4) 热导率或称导热系数 λ_c。导热系数是指单位时间内,在单位温度梯度(单位:K/m)情况下,材料单位面积(单位:m^2)内所通过的热量,单位为 W/(m·K)。混凝土的导热系数随温度升高而明显减小,当在 $T = 100\ ℃$(即 373 K)附近时受含水量的影响很大;在 $T > 200\ ℃$(即 473 K)后近似线性减小。不同骨料的混凝土,其导热系数可相差一倍以上。

根据文献[120],混凝土的热工参数的代表值为

$$\left. \begin{array}{l} \alpha_c = 10 \times 10^{-6}\ \text{K}^{-1} \\ C_c = (0.84 \sim 1.26) \times 10^3\ \text{J/(kg·K)} \\ \lambda_c = 0.58 \sim 1.63\ \text{W/(m·K)} \\ \rho_c = 2\ 400\ \text{kg/m}^3 \end{array} \right\} \tag{3.4}$$

2.压杆的热工性能指标

常规 Φ100 mm SHPB 装置的压杆为合金钢材料,属于钢材,钢材的热工性能随温度的变化趋势与混凝土的类似。随温度的升高,膨胀变形大致按线性增加,平均线膨胀系数 $\bar{\alpha}_s$ 变化不大;比热容 C_s 逐渐有所增大;导热系数 λ_s 则近似线性减小,变化幅度较大;质量密度变化很小。根据文献[120],不同钢材的热工参数值的变化范围约为

$$\left.\begin{array}{l} \bar{\alpha}_s = (12 \sim 15) \times 10^{-6} \text{ K}^{-1} \\ C_s = (0.42 \sim 0.84) \times 10^3 \text{ J/(kg} \cdot \text{K)} \\ \lambda_s = 27.9 \sim 52.3 \text{ W/(m} \cdot \text{K)} \\ \rho_s = 7\ 850 \text{ kg/m}^3 \end{array}\right\} \tag{3.5}$$

各参数的代表值依次为 $\bar{\alpha}_s = 14 \times 10^{-6}$ K^{-1},$C_s = 0.52 \times 10^3$ J/(kg $\cdot$ K),$\lambda_s = 34.9$ W/(m $\cdot$ K) 和 $\rho_s = 7\ 850$ kg/m^3。

可见,钢材的比热容比混凝土的要小($C_s < C_c$),而导热系数比混凝土的($\lambda_s > \lambda_c$)高出数约 10 倍。

3.5.2.2　材料导热基本定律

在高温 SHPB 试验过程中,当处于常温状态的压杆和处于高温状态的混凝土试件接触时,热量会从高温的混凝土上传递到低温的压杆上,这是典型的接触热传导问题。根据导热基本定律 —— 傅里叶定律[121]:在任何时刻,均匀连续介质内各点所传递的热流密度正比于当地的温度梯度,即

$$q = \lambda \frac{dT}{dx} \tag{3.6}$$

式中　　dT/dx —— 介质内某点的温度梯度;

　　　　q —— 热流密度(单位时间内通过单位面积上传递的热量),W/m^2;

　　　　λ —— 导热系数。

3.5.2.3　基本假定

事实上,当直接接触的混凝土试件和压杆之间导热时,二者的接触面是不完全贴合的,不具有相同的温度。因为固体表面不是理想平整的,两表面之间往往是点接触,或者只是部分的面接触。当两个物体表面在机械荷载作用下相互接触时,不管其接触间隙中填充什么填料,都是“不完全接触”,大部分热量只是通过有限数量的“实际接触点”传递的[121-122]。传统的观点认为,由于两接触表面的实际接触面积只占名义接触面积的 $0.01\% \sim 0.1\%$,所以这种接触状况引起热流的收缩,就会给导热过程带来额外的热阻,称之为“接触热阻”。当两块接触材料传递相同的热流密度时,其接触热阻使两表面的接触面

上产生温差。这个温差不仅依赖于接触材料的力学性质(如弹性模量、刚度、硬度等)、热学性质(如导热、导温、热膨胀系数等),而且与接触表面的几何形状、粗糙度及其所处的环境(如压力、间隙间的气、液态特性等)有关。接触热阻的情况是很复杂的,至今还不能从理论上阐明它的规律,也未能得出可靠的计算公式。接触热阻大多是在模拟实际的工作状态下,用试验的方法来测定其大小的[121-123]。

高温 SHPB 试验中试件和波导杆之间的热传导实际上是存在接触热阻的热传导问题,但接触界面导热系数(热阻)多用试验的方法来测定,试验要求高,比较费时。本书主要研究界面热传导对试件温度和压杆力学性能的影响,界面接触热阻的存在会减小热传导对试件温度和压杆力学性能的影响,因为接触热阻使常温压杆和高温混凝土之间的接触面上产生温差,会降低传热时材料内部的温度梯度,从而降低热流密度,进而降低试件的热损失和压杆端部的热增长。

综上所述,鉴于接触热阻的复杂性和本书的研究目的,做出以下假定:

(1)忽略压杆和混凝土试件之间的接触热阻,假定二者的接合面完全贴合,即在接触面上不存在温差,热量从高温混凝土到常温压杆端部的传递是连续的。

(2)假定压杆的整体温度不变;为了方便计算,假定混凝土试件的比热容 C_c 和导热系数 λ_c 为常数。

以上假定能够避免对接触热阻的测量和计算,简化热传导的理论分析,将一些随温度变化的参数假定为常数,可以简化计算过程。显然,在以上两个基本假定的基础上进行热传导理论计算,得到的试件温度变化的幅度要大于实际情况,但是利用这种简化方式得到的计算结果来衡量试验技术的可靠性,误差会更小。

3.5.2.4 混凝土试件整体温降的理论计算

在以上假定基础上,根据傅里叶定律,有

$$q = \frac{\Delta Q}{\Delta t A} = \lambda \frac{dT}{dx} = \lambda \frac{\Delta T}{\Delta x} \tag{3.7}$$

式中 Δt —— 热传导的时间差;

ΔQ —— 时间 Δt 内通过试件截面的热流量;

λ —— 导热系数;

A —— 接触面的面积;

ΔT —— 高低温物质间的温度差;

Δx —— 热量传递的距离。

由式(3.3)和式(3.7)可得

$$q = \frac{\Delta Q}{\Delta t A} = \frac{m C_c \Delta T_c}{\Delta t A} = \frac{\rho_c C_c l_c \Delta T_c}{\Delta t} = \frac{\lambda \Delta T}{\Delta x} \tag{3.8}$$

式中　C_c——混凝土材料的比热容；

　　　m——混凝土试件的质量；

　　　ΔT_c——混凝土试件整体温度的降低幅度；

　　　ΔT——混凝土和压杆之间的温差；

　　　Δt——热传导持续的时间；

　　　A——混凝土试件的横截面积；

　　　λ——混凝土材料的导热系数；

　　　Δx——混凝土试件内热流传递的距离；

　　　ρ_c——混凝土的密度；

　　　l_c——试件长度。

式(3.8)为简化的高温 SHPB 试验中高温混凝土试件热传导的理论模型，从而可得一定时间内热传导造成的试件整体温降为

$$\Delta T_c = \frac{\lambda A \Delta T \Delta t}{m C_c \Delta x} = \frac{\lambda \Delta T \Delta t}{\rho_c C_c l_c \Delta x} \tag{3.9}$$

由于混凝土与压杆之间的热传导是连续的，所以在确定计算时间步长和终止时间后，首先根据试件初始温度给出初始温差 ΔT。利用式(3.9)可计算得到试件在第 1 个时间步内的温降 ΔT_{c1}，此时更新初始温差 ΔT，代入下一时间步进行计算，可以得到第 2 个时间步内的温降 ΔT_{c2}。依次进行迭代计算，将每个时间步的结果累计即可得到混凝土在一定接触时间内的整体温降值 ΔT_c。

利用本书提出的试验技术，冷接触时间可控制在 0.5 s 以内，因而确定计算终止时间为 1.0 s，迭代的时间步长 Δt 定为 0.01 s，经过 100 次迭代计算，就能得到混凝土试件整体温度在 $0 \sim 1.0$ s 内的变化情况。

利用 MATLAB 程序编程进行迭代计算，材料参数根据文献和材料手册[121-124]均在取值范围内按最不利情况选取，见表 3.1。

表 3.1　利用简化理论模型计算混凝土试件温度变化时的参数取值

参　数	$\dfrac{\lambda}{\mathrm{W \cdot (m \cdot k)^{-1}}}$	$\dfrac{C_c}{\mathrm{J \cdot (kg \cdot K)^{-1}}}$	$\dfrac{\rho_c}{\mathrm{kg \cdot m^{-3}}}$	$\dfrac{l_c}{\mathrm{mm}}$	$\dfrac{\Delta x}{\mathrm{mm}}$	$\dfrac{\Delta t}{\mathrm{s}}$
取值	1.63	840	2 400	48	1	0.01

计算得到尺寸为 $\Phi 98$ mm $\times 48$ mm，密度为 2 400 kg/m³ 的混凝土试件在初始温度分别为 473 K(200 ℃)，673 K(400 ℃)，873 K(600 ℃)，1 073 K(800 ℃) 和 1 273 K(1 000 ℃)，压杆温度为 293 K(20 ℃)条件下，"冷接触时间"分别为 0.05 s，

0.25 s,0.5 s,0.75 s 和 1.0 s 时的整体温降情况,如图 3.10 所示。

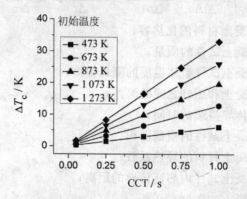

图 3.10　不同初始温度,不同 CCT 时混凝土试件的整体温降情况

由图 3.10 可知,试件的整体温降随初始温度的升高和冷接触时间 CCT 的增长而不断增大,初始温度越高,且 CCT 越长,则整体温降越大。

当 CCT 为 0.5 s 时,随着初始温度从 473 K 逐渐升高到 1 273 K,试件的整体温降分别为 3 K(3 ℃),6.4 K(6.4 ℃),9.8 K(9.8 ℃),13 K(13 ℃)和 16.5 K(16.5 ℃),初始温度越高,温度降幅越大,但不同初始温度下的温降比例基本相同,约为 1.6%。

当 CCT 为 1.0 s 时,随着初始温度从 473 K 逐渐升高到 1 273 K,试件的整体温降分别为 6 K(6 ℃),12.8 K(12.8 ℃),19.6 K(19.6 ℃),26 K(26 ℃)和 33 K(33 ℃),初始温度越高,温度降幅越大,但不同初始温度下的温降比例也基本相同,约为 3.2%。说明当 CCT 在 1.0 s 以内时,整体温度降低比例极小。

以上在分析混凝土和压杆之间实际热传导情况的基础上,按最不利情况进行简化得到的热传导简化理论模型的计算结果说明,利用本书提出的试验技术,当冷接触时间控制在 1.0 s 内时,混凝土试件的整体温度(或平均温度)下降幅度比例极小,在工程上 5% 的误差允许范围内。

3.5.3　热传导影响的数值分析

本节采用数值分析的方法对“冷接触时间”内试件和压杆端部的温度场进行计算,分析界面热传导对试验结果的影响,进而研究热传导对试验技术可靠性的影响。

3.5.3.1　ANSYS 软件及其热分析简介

ANSYS 程序是融结构、热、流体、电磁、声学于一体的大型通用有限元商用分析软件,被广泛应用于一般工业及科学研究,目前已成为世界上最通用和有效的商用有限元软件。ANSYS 在热分析方面具有强大的功能,界面友好且易于掌握,包括多种热分析模块。ANSYS 热分析基于能量守恒原理的热平衡方程,用有限元法计算物体内部各节点的温度,并导出其他热物理参数。运用 ANSYS 软件可进行热传导、热对流、热辐射、相变、热应力以及接触热阻等问题的分析求解。

本书通过 ANSYS 软件利用有限元法计算试件和压杆端部的温度场,对混凝土试件和压杆之间热传导问题进行分析求解。

3.5.3.2　有限元模型

试验中,压杆和试件接触以后,高温混凝土试件内部的热量会向常温压杆的端部传递,材料内部的温度随时间而不断变化,因此材料内部温度场的求解属于瞬态热传导问题,研究对象为压杆端部和混凝土试件。

根据轴对称性,在试验和计算过程中,试件和压杆之间的热传导在任何一个过轴线的剖面上都相同,因此选取压杆和混凝土试件的中心纵截面进行分析,建立轴对称二维有限元模型。混凝土试件几何模型按实际尺寸建立,长度为 48 mm,直径为 98 mm;由于入射杆和透射杆较长,且只有与试件接触的压杆端部很小一部分受热,取入射杆和透射杆与试件接触端部的 50 mm 长度进行分析,直径为 100 mm,选择用于热分析的 PLANE55 轴对称单元进行求解,建立的二维几何模型如图 3.11 所示。

计算时选用的单位为(国际单位制单位)m,s,kg,K。在此单位制下,材料参数根据文献和材料手册[121-124]按不利情况取值,见表 3.2。

表 3.2　材料参数

材　料	种　类	比热容 C_c J·(kg·K)$^{-1}$	导热系数 λ W·(m·K)$^{-1}$	密度 ρ kg·m^{-3}	温度 T K
混凝土	碎石混凝土	840	1.63	2 400	1 073~1 273
压杆	合金钢	520	34.9	7 850	293

由于界面接触热阻未知,按不利情况考虑,假定混凝土和压杆之间完全结合在一起,热量可以通过接触界面连续传递。CCT 依次取为 0.05 s,0.25 s,0.5 s,0.75 s 和 1.0 s,混凝土试件的初始温度分别取为 1 073 K(800 ℃)和 1 273 K(1 000 ℃),压杆的温度取为 293 K(20 ℃)。由于分析时间很短,通过空气的热传导比通过金属的热传导慢得多,不考虑系统与环境之间的热交换。

选取四节点矩形轴对称单元对试件和压杆进行网格划分,压杆沿轴向和径向进行 100 等分,试件沿轴向进行 96 等分,径向 98 等分,网格尺寸均为 0.000 5 m×0.000 5 m。如图 3.12 所示为划分网格后的有限元模型。计算时间步长为 0.025 s,计算终止时间为 1.0 s。

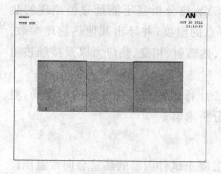

图 3.11　几何模型

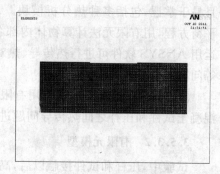

图 3.12　有限元模型

3.5.3.3　数值模拟结果

数值模拟得到典型温度分布如图 3.13 和图 3.14 所示,分别为初始温度为 1 273 K(1 000 ℃),CCT 为 0.5 s 时压杆端部和试件内的温度场。可见试件和压杆径向的温度分布基本均匀,压杆的温度变化仅发生在与试件接触的端面局部区域,远离接触界面的大部分区域的温度无变化。试件的温度变化主要发生在与压杆接触的两端局部区域,其他大部分区域的温度没有变化,这与试验结果是一致的。

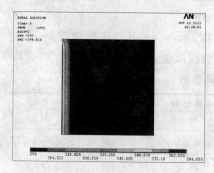

图 3.13　压杆端部温度场

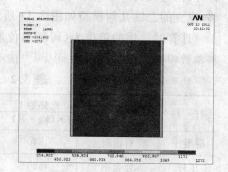

图 3.14　试件内的温度场

3.5.3.4　混凝土试件的温度分布

为对混凝土试件的温度分布情况进行定量描述,定义以下几个变量用以表征试件受压时刻的温度状况。

(1)温降范围比例系数 ξ。当温度下降超过试件初始温度的 5% 时,认为是显著下降。定义温度下降范围比例系数 ξ 为一定初始温度和接触时间时试件内存在显著下降的区域厚度与试件总厚度的比值,可表示为

$$\xi = \frac{L_a}{L_s} \times 100\%$$
(3.10)

式中　　ξ——温降范围比例系数；

　　　　L_a——试件轴向温降超过初始温度 5% 的区域厚度；

　　　　L_s——试件轴向总厚度。

（2）温降幅度比例系数 δ。温降幅度比例系数 δ 是指试件开始受到应力波作用时不同区域的温降值和初始温度的比值之和，由于圆柱混凝土试件轴对称，且热传导在任何一个过轴线的剖面上都相同，所以 δ 可表示为

$$\delta = \frac{1}{mn}\sum_{j=1}^{m}\sum_{i=1}^{n}\frac{T_{ij}-T_1}{T_1}\times 100\% \tag{3.11}$$

式中　　δ——温降幅度比例系数；

　　　　m——径向单元数；

　　　　n——横向单元数；

　　　　T_{ij}——轴向第 i、径向第 j 个单元的温度；

　　　　T_1——试件初始温度。

（3）试件平均温度 T_2。试件平均温度 T_2 是指试件开始受到应力波作用时试件中不同区域的温度均值。T_2 可由下式求得：

$$T_2 = \frac{1}{mn}\sum_{j=1}^{m}\sum_{i=1}^{n}T_{ij} \tag{3.12}$$

式中　　m——径向单元数；

　　　　n——横向单元数；

　　　　T_{ij}——轴向第 i、径向第 j 个单元的温度。

（4）试件最大温差 ΔT_{max}。试件最大温差 ΔT_{max} 是指试件在和导杆接触后 $0\sim\Delta t_{max}$ 时间段内的最大温差。

ξ 代表温度不均匀区域占整个试件的比例，基本可以用来描述试件受压时的温度均匀性；用 δ 和 T_2 两个参数代表试件受压时试验温度与初始温度的误差，可用来描述试验温度的准确性；ΔT_{max} 代表试件内部的最大温差，有助于了解试件中的温度分布情况。

首先分析混凝土试件的温度分布，如图 3.15 所示是试件初始温度分别为 1 073 K 和 1 273 K，不同 CCT 时试件的轴向温度分布情况对比。由图 3.15 可知，试件的温降仅限于端面局部区域，其他大部分区域都保持初始温度不变，接触时间越长，温降范围相对越大。

计算初始温度分别为 1 073 K 和 1 273 K 时，试件的温降范围比例系数 ξ、温降幅度比例系数 δ、平均温度 T_2 和最大温差 ΔT_{max}，并进行对比。这 4 个参数随 CCT 的变化情况如图 3.16 ～ 图 3.19 所示。

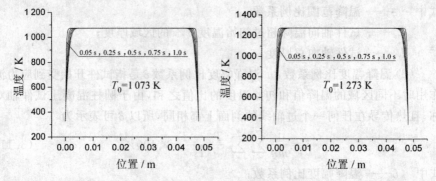

图 3.15　初始温度分别为 1 073 K 和 1 273 K,不同 CCT 时试件轴向温度分布情况对比

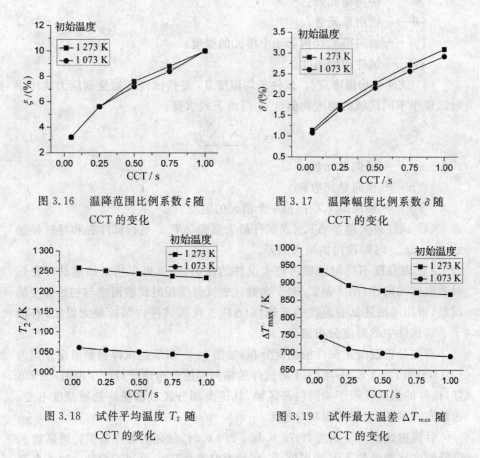

图 3.16　温降范围比例系数 ξ 随　　　　图 3.17　温降幅度比例系数 δ 随
　　　　　CCT 的变化　　　　　　　　　　　　　CCT 的变化

图 3.18　试件平均温度 T_2 随　　　　　图 3.19　试件最大温差 ΔT_{max} 随
　　　　　CCT 的变化　　　　　　　　　　　　　CCT 的变化

　　由图 3.16 ～ 图 3.19 可知,在不同初始温度条件下,ξ 和 δ 均随 CCT 的增长而不断增大;当 CCT 相同时,不同初始温度下的 ξ 变化不大,基本相同,但较高初始温度下的 δ 要稍大于较低初始温度下的 δ;T_2 和 ΔT_{max} 随 CCT 的增长而不断减小;当 CCT 相同时,较高初始温度下的 T_2 和 ΔT_{max} 明显大于较低初

始温度下的 T_2 和 $\Delta T_{\max}$。说明混凝土试件的温降范围和温降幅度随 CCT 的增长而增大,平均温度和最大温差随 CCT 的增长而减小。当初始温度升高时,试件的温降范围基本没有变化,温降幅度会逐渐增大(这与简化理论模型的计算结果基本一致),试件平均温度和试件最大温差都会明显提高。

当 CCT 为 1.0 s 时,初始温度分别为 1 073 K 和 1 273 K 的混凝土试件中温度场的数值计算结果如下所述:

(1)温度均匀性。温度显著下降区域厚度均为 4.8 mm,温降范围比例系数均为 10%。

(2)试件试验温度准确性。试件整体温降幅度比例系数分别为 2.92% 和 3.09%,整体温降分别约为 31.3 K 和 39.3 K;试件的平均温度分别为 1 042 K(769 ℃)和 1 234 K(961 ℃),分别为初始温度的 97.1% 和96.9%,误差分别为 2.9% 和 3.1%。说明试件试验温度与初始温度的误差在 2.9%~3.1% 之间,这也与简化理论模型计算得到的 3.2% 的误差基本一致。

(3)最大温差。试件内最大温差发生在试件端面和试件中心之间,分别为 690 K 和 867 K,主要是因为试件和压杆之间的温差较大。

综上所述,混凝土试件的温度不均匀范围随 CCT 的增长而不断增大,当 CCT 不超过 1.0 s 时,试件上 90% 以内区域的温度是均匀一致的,不均匀区域不超过 10%,即温度不均匀可控制在 10% 以内;对于初始温度为 1 073 K(800 ℃)和 1 273 K(1 000 ℃)的混凝土试件,当 CCT 为 1.0 s 时,实际试验温度与初始温度的误差很小,均在工程上 5% 的误差允许范围内。

3.5.3.5　压杆上的温度分布

初始温度分别为 1 073 K(800 ℃)和 1 273 K(1 000 ℃),不同 CCT 时压杆端部的轴向温度分布情况对比如图 3.20 所示。

由图 3.20 可知,温升主要发生在与试件接触的局部区域,压杆上远处的绝大部分区域是没有温度变化的,冷接触时间 CCT 越长,温升范围相对越大。

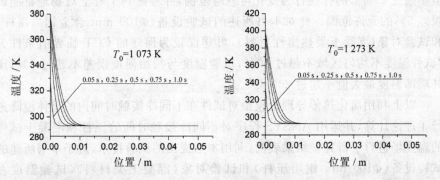

图 3.20　初始温度分别为 1 073 K 和 1 273 K,不同 CCT 时压杆轴向温度分布情况对比

对于压杆上的温度变化,主要关注的是压杆的弹性性能会不会受到温度影响。压杆上的最大温度发生在与试件接触的端面上,考察压杆端部温度最大值随 CCT 的变化情况,如图 3.21 所示。

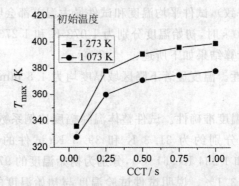

图 3.21 压杆端部温度最大值 T_{max} 随 CCT 的变化情况

由图 3.21 可知,压杆端部温度最大值 T_{max} 随 CCT 的增长而不断增大,但增加速度逐渐变慢。当混凝土试件初始温度分别为 1 073 K(800 ℃)和 1 273 K(1 000 ℃),CCT 为 0.5 s 时,压杆端部的温度最大值分别为 371 K 和 391 K,即 98 ℃ 和 118 ℃;CCT 为 1.0 s 时压杆端部的温度最大值分别为 378 K 和 399 K,即 105 ℃ 和 126 ℃。

综上所述,可见当混凝土试件初始温度在 1 273 K(1 000 ℃)以内,CCT 不超过 1.0 s 时,压杆端部的温度最大值不超过 200 ℃。

3.5.4 试验技术可靠性分析

根据 Lennon A. M.[125]的观点,高温 SHPB 试验中,可接受的试件温度为试件上 85% 部分的温度下降不超过 10%。参照已有研究[126-131]对热传导影响的允许范围:试件的温度不均匀性不超过 10%,钢质压杆端部温度最大值不超过 200 ℃ 的弹性行为变化可忽略范围,并考虑到工程上对物理量测试误差 5% 的允许范围。针对本书所述的试验设备(Φ100 mm 合金钢质压杆)和试验对象(混凝土类热惰性材料),可建议较为保守的 CCT 临界值条件为"试件温度不均匀区域不超过 10%,试验温度与初始温度误差不超过 5%,压杆端部温度最大值不超过 200 ℃"。

以上利用简化热传导理论模型对试件在不同冷接触时间内的整体温降进行了理论计算,并运用 ANSYS 程序对不同冷接触时间的压杆和混凝土试件的温度场进行了研究。结果表明:利用本书提出的试验技术,对于本书所述的试验设备(Φ100 mm 钢质压杆)和试验对象(混凝土类材料),试验温度在 1 000 ℃ 以内,冷接触时间控制在 1.0 s 内,可以将混凝土试件的温度不均匀区域比例控制在 10% 以内,将试件试验温度与初始温度误差控制在 5% 以内,将压杆受热端的最高温度控制在 200 ℃内,能满足建议的 CCT 临界值条件,即认为当 CCT 在 1.0 s 以内时,热传导对试验结果的影响在允许范围内,可忽略不计,CCT 临界值为 1.0 s。

本书所述的试验技术可将 CCT 控制在 0.5 s 以内,小于 CCT 临界值,因而界面热传导的影响可忽略不计,试验技术可靠。需要强调的是,本书介绍的理论计算和数值分析都是按最不利情况进行的,例如并没有考虑会降低热传导影响的接触热阻等因素,因此计算得到 CCT 临界值为 1.0 s 是偏于安全的,实际情况可能更小。

这里得到的 CCT 临界值要大于已有研究提出关于金属材料的临界值,这主要是因为本书提出的高温试验技术是针对在大直径钢材质 SHPB 上对混凝土和岩石等试件尺寸较大的热惰性材料而设计的。由于混凝土试件的尺寸和比热容大于金属材料,且导热系数远小于金属材料,所以理论计算和数值计算得到的 CCT 临界值大于金属也属正常。

3.6　小　　结

本章对混凝土类材料动力特性的 SHPB 试验技术展开研究,介绍现有的常温 SHPB 试验技术和波形整形技术,提出一套由自主设计的温控系统和 Φ100 mm SHPB 装置组成的高温 SHPB 试验系统,介绍了其组成、特点及工作原理,分别采用简化理论模型和 ANSYS 程序对压杆和混凝土试件之间的界面热传导及其对试验技术可靠性的影响进行计算分析,论证了试验技术的可靠性。

本章得到以下重要结论:

(1) SHPB 试验是进行纤维混凝土动力特性研究的重要手段,波形整形技术可以有效改善波形,大大提高混凝土类材料 SHPB 试验的精度。

(2) 由自主研制的温控系统和 Φ100 mm SHPB 装置组装的高温 SHPB 试验系统具有结构简单、操作简便、控温准确和工作效率高的特点,可用于混凝土、岩石等脆性材料大尺寸试件的高温动态力学行为测试。

(3) 简化理论模型和数值模拟的计算结果显示,在大直径钢材质 SHPB 装置上对大尺寸的混凝土等热惰性材料试件进行高温冲击试验,当冷接触时间临界值为 1.0 s,冷接触时间在 1.0 s 以内时,界面热传导对试验结果的影响可以忽略不计。

(4) 利用本书提出的试验技术进行人工组装,可将冷接触时间控制在 0.5 s 以内,小于冷接触时间临界值,试验技术可靠。

第4章 纤维混凝土的动态抗压力学特性

4.1 引　　言

混凝土材料的静态抗压强度是其力学性能中最基本、最重要的一项,纤维混凝土材料的动态抗压力学性能也是其动态力学性能中十分重要的一项,是其动力特性研究的重要内容。

本章利用 $\Phi100$ mm SHPB 装置分别对素混凝土(PC)、钢纤维混凝土(SFRC,纤维体积掺量为 0.4%、0.7% 和 1.0%)、玄武岩纤维混凝土(BFRC,纤维体积掺量为 0.1%、0.2% 和 0.3%)和碳纤维混凝土(CFRC,纤维体积掺量为 0.1%、0.2% 和 0.3%)的动态抗压力学性能展开研究,加载速率分别为 6.5 m/s、7.5 m/s、8.5 m/s、9.5 m/s 和 10.5 m/s。试验得到材料的动态应力-应变曲线,分别从动态抗压强度、动态压缩变形和动态压缩韧性 3 个方面对 SFRC、BFRC 和 CFRC 的动态力学性能的变化规律及其影响因素进行了深入分析和研究,并对 FRC 动态力学性能的变化机理进行了详细论述。

4.2　试验方案和试验结果

4.2.1　试验方案

采用第 3 章提出的由常规 $\Phi100$ mm SHPB 装置进行冲击压缩试验。FRC 试件制备的原料、配比和养护制度与静态试验相同。

(1)试件规格。短圆柱体试件,几何尺寸为 $\Phi98$ mm×48 mm。

(2)试件加工。养护 28 d 后取出长圆柱体试件,先在 DQ—1 型切割机上(见图 4.1)对试件进行切割,然后用 SHM—200 型双端面打磨机(见图 4.2)对切割好的试件进行端面水磨精细加工,以保证试件的平面度、光洁度和垂直度在标准范围内。试件加工设备都是专用于混凝土、岩石类材料的专业机械,操作方便,加工精度高,加工好的用于动态压缩试验的试件如图 4.3 和图 4.4 所示。

(3)子弹加载速度分别为 6.5 m/s、7.5 m/s、8.5 m/s、9.5 m/s 和 10.5 m/s,对应每种加载速率和每种试件,进行 3 次重复冲击试验,最后对 3

组重复试验数据求均值,作为该种试件在该种工况下试验数据的代表值。

图 4.1　DQ—1 型切割机　　　　图 4.2　SHM—200 型双端面打磨机

图 4.3　加工好的部分试件(1)　　　　图 4.4　加工好的部分试件(2)

4.2.2　试验结果

对所有的 PC,SFRC,BFRC 和 CFRC 试件进行冲击压缩试验,加载速率分别为 6.5 m/s,7.5 m/s,8.5 m/s,9.5 m/s,10.5 m/s,采用三波法即式(3.1)对采集到的波形进行数据处理,可得到 PC 和 FRC 材料的动态应力-应变曲线。

图 4.5 表示了 PC,SFRC($V_{sf}=1.0\%$),BFRC($V_{bf}=0.2\%$)和 CFRC($V_{cf}=0.1\%$)在不同加载速率下的动态应力-应变曲线。表 4.1 列举出了 PC,SFRC($V_{sf}=1.0\%$),BFRC($V_{bf}=0.2\%$)和 CFRC($V_{cf}=0.1\%$)的冲击试验的基本数据。其中,V_0 为加载速率;动态抗压强度 f_{cd} 为试件的峰值应力,是反映材料强度的指标;峰值应变 ε_p 为试件达到峰值应力时对应的应变,极限应变 ε_{max} 为试件达到的最大应变,ε_p 和 ε_{max} 是反映材料变形性能的指标;动态压缩强度增长因子(Dynamic Compressive Strength Increase Factor,简称 DCF)为试件动态抗压强度和静态抗压强度的比值,是反映冲击荷载下材料抗压强度增幅的指标,用公式表示为

$$DCF = f_{cd}/f_{cs} \tag{4.1}$$

式中　f_{cd}——材料的动态抗压强度；
　　　f_{cs}——材料的静态抗压强度。

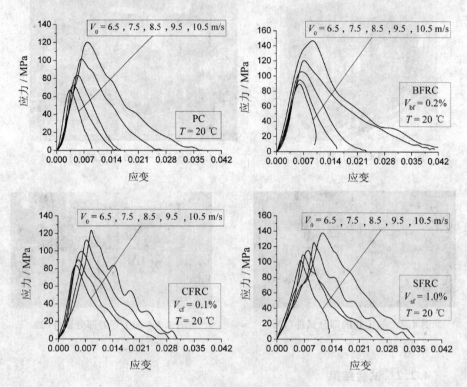

图 4.5　动态应力-应变曲线

表 4.1　动态压缩试验数据

材料	参数 $\dfrac{V_0}{m \cdot s^{-1}}$	$\dfrac{f_{cd}}{MPa}$	DCF	ε_p	ε_{max}	$\dfrac{IT}{kJ \cdot m^{-3}}$	$\dfrac{IDE}{kJ \cdot m^{-3}}$
PC	6.5	66.76	1.11	0.003 46	0.009 02	321.49	552.03
	7.5	72.19	1.20	0.004 38	0.015 27	470.23	663.68
	8.5	83.56	1.38	0.005 39	0.016 43	605.97	900.03
	9.5	101.85	1.69	0.006 45	0.027 17	1 125.04	1 296.38
	10.5	120.13	1.99	0.007 95	0.037 19	1 431.93	1 670.85

续　表

参数\材料	$\dfrac{V_0}{\mathrm{m \cdot s^{-1}}}$	$\dfrac{f_{cd}}{\mathrm{MPa}}$	DCF	ε_p	ε_{max}	$\dfrac{\mathrm{IT}}{\mathrm{kJ \cdot m^{-3}}}$	$\dfrac{\mathrm{IDE}}{\mathrm{kJ \cdot m^{-3}}}$
SFRC $V_{sf}=1.0\%$	6.5	102.22	1.47	0.006 06	0.013 39	719.24	1 048.45
	7.5	109.30	1.57	0.006 74	0.024 24	1 078.48	1 230.04
	8.5	114.86	1.66	0.007 92	0.027 14	1 237.74	1 313.97
	9.5	125.33	1.81	0.009 41	0.033 64	1 563.92	1 537.85
	10.5	137.76	1.98	0.011 69	0.034 93	2 143.19	1 800.34
BFRC $V_{bf}=0.2\%$	6.5	89.50	1.16	0.005 95	0.010 27	517.31	476.59
	7.5	94.88	1.23	0.006 01	0.015 68	713.06	721.21
	8.5	105.67	1.37	0.006 52	0.023 29	1 077.39	1 055.38
	9.5	120.58	1.57	0.007 17	0.040 93	1 942.45	2 030.02
	10.5	146.71	1.91	0.009 41	0.046 29	2 488.77	2 588.45
CFRC $V_{cf}=0.1\%$	6.5	83.40	1.15	0.004 67	0.010 32	589.92	674.71
	7.5	89.80	1.24	0.005 25	0.019 52	786.63	858.31
	8.5	99.44	1.37	0.006	0.025 36	1 012.18	1 109.62
	9.5	112.51	1.55	0.007 35	0.028 61	1 236.61	1 421.13
	10.5	123.64	1.70	0.008 58	0.030 68	1 519.47	1 809.38

　　FRC 材料的韧性是反映材料在变形过程中吸收能量能力的重要性能,有助于全面了解材料的力学性能,分别以冲击韧度(Impact Toughness,简称 IT)和冲击耗散能(Impact Dissipation Energy,简称 IDE)作为评价材料韧性的两个指标。

　　(1)冲击韧度 IT。通过对应力-应变曲线进行积分求曲线下的面积,可得到冲击韧度 IT,表征了材料从加载到彻底破坏为止吸收能量的能力,代表单位体积的材料在变形过程中吸收能量的大小。

　　(2)冲击耗散能 IDE。通过计算单位体积的材料耗散应力波能量的大小可得到冲击耗散能 IDE,用公式可表示为

$$\mathrm{IDE} = \frac{AEc}{A_s l_s} \int_0^T \left[\varepsilon_i(t)^2 - \varepsilon_r(t)^2 - \varepsilon_t(t)^2 \right] \mathrm{d}t \tag{4.2}$$

式中　$\varepsilon_i, \varepsilon_r$ 和 ε_t ——分别为杆中的入射、反射和透射应变;

　　　　A, A_s ——分别为杆、试件的横截面积;

　　　　E ——杆的弹性模量;

c——杆中波速；

l_s——试件的初始厚度；

T——试件完全破坏时刻。

4.3 玄武岩纤维混凝土的动态抗压力学特性分析

4.3.1 玄武岩纤维混凝土(BFRC)的动态压缩强度

图 4.6 和图 4.7 分别表示了同一温度下，玄武岩纤维体积掺量对不同加载速率下 BFRC 的动态抗压强度和动态强度增长因子的影响情况。

由图 4.6 和图 4.7 可知：①BFRC 的动态抗压强度随加载速率的增大而不断提高，加载速率越大，则相应强度越大，表现出显著的加载速率强化效应。②玄武岩纤维的加入可以显著提高 PC 在不同加载速率下的动态抗压强度。总体上看，当玄武岩纤维体积掺量为 0.2％时，动态抗压强度最高，其次依次为 BFRC $V_{bf}=0.1$％和 BFRC $V_{bf}=0.3$％(以下简写为 BFRC 0.1％或 BFRC 0.3％，其余类推)。③当玄武岩纤维体积掺量为 0.1％时，BFRC 动态抗压强度增长因子高于 PC，当玄武岩纤维体积掺量为 0.2％和 0.3％时，在试验温度和加载速率范围内，BFRC 的动态抗压强度增长因子并不完全高于 PC。

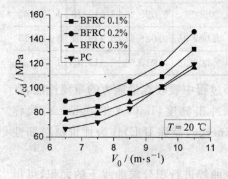
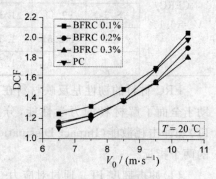

图 4.6　BFRC 的动态抗压强度　　　图 4.7　BFRC 的动态抗压强度增长因子

BFRC 的动态抗压强度的变化规律可概括为：存在加载速率强化效应，加载速率越大，则强度越高；玄武岩纤维的加入可以有效提高 PC 在不同加载速率下的动态抗压强度。总体上，当玄武岩纤维体积掺量为 0.2％时，BFRC 在不同加载速率下的动态抗压强度最高，其次依次为 BFRC 0.1％和 BFRC 0.3％；当玄武岩纤维体积掺量为 0.1％时，BFRC 的动态抗压强度增长因子高于 PC。

4.3.2 玄武岩纤维混凝土(BFRC)的动态压缩变形

图 4.8 和图 4.9 分别表示了不同加载速率时 BFRC 动态峰值应变和动态

极限应变的变化情况。由图 4.8 和图 4.9 可知：玄武岩纤维的加入可以有效增大 PC 在不同加载速率下的动态峰值应变，且玄武岩纤维体积掺量越大，增幅越大；玄武岩纤维的加入可以有效提高 PC 在不同加载速率下的动态极限应变。总体上，玄武岩纤维体积掺量越大，增幅越大；加载速率越大，峰值应变和极限应变越大，表现出显著的加载速率强化效应。

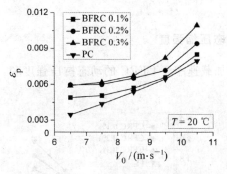
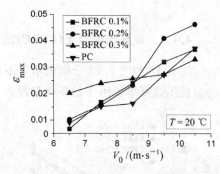

图 4.8　BFRC 的动态峰值应变　　　图 4.9　BFRC 的动态极限应变

BFRC 的动态压缩变形的变化规律可概括为：峰值应变和极限应变表现出显著的加载速率强化效应，纤维的加入可以有效提高 PC 在不同加载速率下的动态峰值应变和动态极限应变，且玄武岩纤维体积掺量越大，增幅越高。

4.3.3　玄武岩纤维混凝土(BFRC)的动态压缩韧性

图 4.10 和图 4.11 分别表示了不同加载速率下 BFRC 的冲击韧度和冲击耗散能的变化情况。由图 4.10 和图 4.11 可知：存在加载速率强化效应，加载速率越高，则韧性越高；玄武岩纤维的掺入可以有效提高 PC 在不同加载速率下的冲击韧度和冲击耗散能。总体来看，BFRC 0.2% 的增幅最大，其次依次为 BFRC 0.3% 和 BFRC 0.1%。

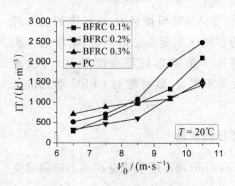
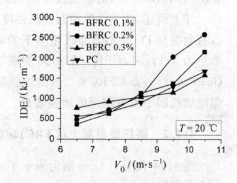

图 4.10　BFRC 的冲击韧度　　　　图 4.11　BFRC 的冲击耗散能

BFRC 的动态压缩韧性的变化规律可概括为:存在加载速率强化效应,纤维的掺入可以有效提高 PC 在不同加载速率下的动态压缩韧性;总体上,BFRC 0.2%的增幅最大,其次依次为 BFRC 0.3%和 BFRC 0.1%。

4.4 碳纤维混凝土的动态抗压力学特性分析

4.4.1 碳纤维混凝土(CFRC)的动态压缩强度

图 4.12 和图 4.13 分别表示了不同加载速率下 CFRC 的动态抗压强度和动态抗压强度增长因子的变化情况。

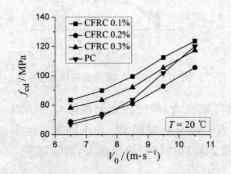

图 4.12　CFRC 的动态抗压强度　　　　图 4.13　CFRC 的动态抗压强度增长因子

由图 4.12 和图 4.13 可知:①CFRC 的动态抗压强度随加载速率的增大而不断提高,加载速率越大,则相应强度越大,表现出显著的加载速率强化效应;②碳纤维的加入可以有效提高 PC 在不同加载速率下的动态抗压强度。总体上看,当碳纤维体积掺量为 0.1%时,动态抗压强度最高,其次是 CFRC 0.3%,CFRC 0.2%的增强效果不明显。

综上所述,CFRC 的动态抗压强度的变化规律可概括为:碳纤维的加入可以有效提高 PC 在不同加载速率下的动态抗压强度。总体上,当碳纤维体积掺量为 0.1%时,CFRC 在不同加载速率下的动态抗压强度最高,其次是 CFRC 0.3%,而 CFRC 0.2%的增强效果不明显;碳纤维对 CFRC 动态抗压强度增长因子没有明显的增强效果。

4.4.2 碳纤维混凝土(CFRC)动态压缩变形

图 4.14 和图 4.15 分别为表示了 CFRC 的动态峰值应变和动态极限应变的变化情况。

由图 4.14 和图 4.15 可知:CFRC 的动态峰值应变和动态极限应变随加

载速率的提高而增大,表现出显著的加载速率强化效应;碳纤维的加入可以有效增大 PC 在不同加载速率下的动态峰值应变和动态极限应变。总体上,当碳纤维体积掺量为 0.3%时,增幅最大,其次,依次是 CFRC 0.1%和 CFRC 0.2%。

　　CFRC 的动态压缩变形性能的变化规律可进行如下概括:存在加载速率强化效应,碳纤维的加入可以有效提高 PC 在不同加载速率下的动态峰值应变和动态极限应变。当碳纤维体积掺量为 0.3%时,增幅最大,其次依次为 CFRC 0.1%和 CFRC 0.2%。

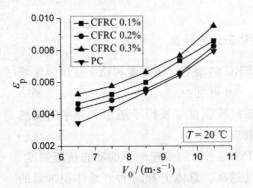

图 4.14　CFRC 的动态峰值应变　　　　图 4.15　CFRC 的动态极限应变

4.4.3　碳纤维混凝土(CFRC)动态压缩韧性

　　图 4.16 和图 4.17 分别表示了不同加载速率下 CFRC 的冲击韧度和冲击耗散能的变化情况。

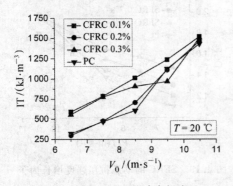
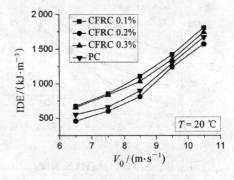

图 4.16　CFRC 的冲击韧度　　　　图 4.17　CFRC 的冲击耗散能

　　由图 4.16 和图 4.17 可知:存在加载速率强化效应,加载速率越高,则韧性越高;碳纤维的掺入可以有效提高 CFRC 在不同加载速率下的冲击韧度和冲击耗散能。总体来看,CFRC 0.3%的增幅最大,其次是 CFRC 0.1%,而

CFRC 0.2%的增韧效果不明显。

碳纤维体积掺量对高温下 CFRC 的动态压缩韧性的影响可概括为:存在加载速率强化效应,纤维的掺入可以有效提高 PC 在不同加载速率下的动态压缩韧性。总体上 CFRC 0.3%的增幅最大,其次是 CFRC 0.1%,而 CFRC 0.2%的增韧效果不明显。

4.5　钢纤维混凝土的动态抗压力学特性分析

4.5.1　钢纤维混凝土(SFRC)的动态压缩强度

图 4.18 和图 4.19 分别表示了 SFRC 的动态抗压强度和动态抗压强度增长因子的变化情况。由图 4.18 和图 4.19 可见:

(1)SFRC 的动态抗压强度和动态抗压强度增长因子随加载速率的提高而增大,表现出显著的加载速率强化效应。

(2)钢纤维的加入可以显著提高 PC 在不同加载速率下的动态抗压强度,且纤维体积掺量越大,则动态抗压强度越高。总体上看,3 种纤维体积掺量的 SFRC 的动态抗压强度均高于 PC。

(3)当纤维体积掺量为 1.0%时,总体上,SFRC 的动态抗压强度增长因子高于 PC,而纤维体积掺量为 0.4%和 0.7%时,在试验加载速率较高时,SFRC 的动态抗压强度增长因子低于 PC。

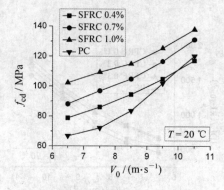
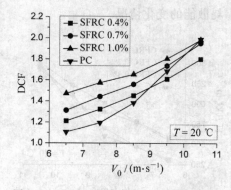

图 4.18　SFRC 的动态抗压强度　　　　图 4.19　SFRC 的动态抗压强度增长因子

SFRC 的动态抗压强度的变化规律可概括为:存在加载速率强化效应,钢纤维的加入可以显著提高 PC 在不同加载速率下的动态抗压强度,且纤维体积掺量越大,相应增幅越高;当纤维体积掺量为 1.0%时,SFRC 的动态抗压强度增长因子高于 PC。

4.5.2　钢纤维混凝土(SFRC)的动态压缩变形

图 4.20 和图 4.21 分别表示了不同加载速率时 SFRC 动态峰值应变和动态极限应变的变化情况。

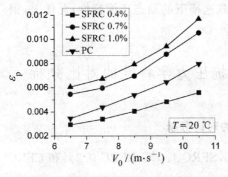

图 4.20　SFRC 的动态峰值应变　　　　　图 4.21　SFRC 的动态极限应变

由图 4.20 和图 4.21 可知：SFRC 的动态峰值应变和动态极限应变随加载速率的提高而增大，表现出显著的加载速率强化效应；钢纤维的加入可以增大 PC 在不同加载速率下的动态峰值应变，且钢纤维体积掺量越大，增幅越大；钢纤维的加入可以提高 PC 在不同温度和加载速率下的动态极限应变；总体上，钢纤维体积掺量越大，则 SFRC 的动态极限应变的增幅越大。

SFRC 的动态压缩变形的变化规律可概括为：存在加载速率强化效应，钢纤维的加入可以提高 PC 在不同加载速率下的动态峰值应变和动态极限应变，且钢纤维体积掺量越大，相应增幅越高。

4.5.3　钢纤维混凝土(SFRC)的动态压缩韧性

图 4.22 和图 4.23 分别表示了不同加载速率下 SFRC 的冲击韧度和冲击耗散能的变化情况。

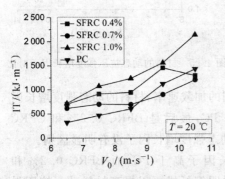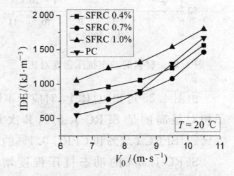

图 4.22　SFRC 的冲击韧度　　　　　　　图 4.23　SFRC 的冲击耗散能

由图 4.22 和图 4.23 可知:存在加载速率强化效应,加载速率越高,则韧性越高;钢纤维的掺入可以有效提高 PC 在加载速率下的冲击韧度和冲击耗散能。总体来看,钢纤维体积掺量越大,则增幅越大。

SFRC 的动态压缩韧性的变化规律可概括为:存在加载速率强化效应,钢纤维的掺入可以显著提高 PC 在不同加载速率下的动态压缩韧性;总体上,钢纤维体积掺量越大,则增幅越大。

4.6　不同纤维混凝土动态抗压力学特性的对比分析

4.6.1　纤维混凝土动态抗压强度的对比分析

图 4.24 表示了不同加载速率下 PC,SFRC 1.0%,BFRC 0.2% 和 CFRC 0.1%的动态抗压强度之间的对比情况。

由图 4.24 可知:总体上,对应于不同的加载速率,材料的动态抗压强度从高到低依次为 SFRC 1.0%,BFRC 0.2%,CFRC 0.1% 和 PC。说明 3 种 FRC 材料的动态抗压强度均优于 PC,对 PC 动态抗压强度增强效果相对最好的纤维种类是钢纤维,其次是玄武岩纤维,然后是碳纤维。

图 4.25 表示了不同加载速率下 PC,SFRC 1.0%,BFRC 0.2% 和 CFRC 0.1%的动态抗压强度增长因子之间的对比情况。

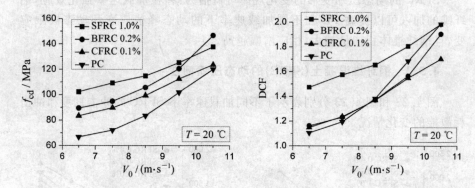

图 4.24　材料的动态抗压强度对比　　图 4.25　材料的动态抗压强度增长因子对比

由图 4.25 可知:总体上,对应于不同的加载速率,材料的动态强度增长因子相对最高的是 SFRC 1.0%,其次是 PC,最后是 BFRC 0.2% 和 CFRC 0.1%。BFRC 0.2% 和 CFRC 0.1%的动态强度增长因子没有明显区别。

SFRC 1.0%的动态抗压强度增长因子高于 PC,而 BFRC 0.2% 和 CFRC 0.1%的动态增强因子低于 PC,说明钢纤维可以提高材料动态抗压强度相对于静态抗压强度的增幅,而玄武岩纤维和碳纤维会降低材料动态抗压强度相对于静态抗压强度的增幅。

概括起来,3 种 FRC 材料的动态抗压强度均优于 PC,3 种 FRC 的动态抗压强度性能相比,相对最优的是 SFRC,其次是 BFRC,再次是 CFRC。

4.6.2　纤维混凝土动态压缩变形的对比分析

图 4.26 表示了不同加载速率下 PC,SFRC 1.0%,BFRC 0.2%和 CFRC 0.1%的动态峰值应变之间的对比情况。

由图 4.26 可知:总体上,对应于不同的加载速率,材料的动态峰值应变从高到低依次为 SFRC 1.0%,BFRC 0.2%,CFRC 0.1%和 PC。说明 3 种 FRC 材料的动态峰值应变均优于 PC,对 PC 动态峰值应变提高效果相对最好的纤维种类是钢纤维,其次是玄武岩纤维,然后是碳纤维。

图 4.27 表示了不同加载速率下 PC,SFRC 1.0%,BFRC 0.2%和 CFRC 0.1%的动态极限应变之间的对比情况。由图 4.27 可知:总体上,材料的动态极限应变最大的是 SFRC 1.0%,其次依次是 BFRC 0.2%,CFRC 0.1%和 PC。说明 3 种 FRC 材料的动态极限应变均优于 PC,对 PC 动态极限应变提高效果最好的纤维种类是钢纤维,其次是玄武岩纤维,然后是碳纤维。

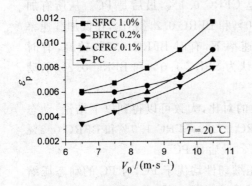

图 4.26　材料的动态峰值应变对比　　　　图 4.27　材料的动态极限应变对比

综合对动态峰值应变和极限应变的对比分析,认为 3 种 FRC 材料的动态压缩变形性能均优于 PC,对 PC 的动态压缩变形性能改善效果相对最好的纤维种类是钢纤维,其次是玄武岩纤维,然后是碳纤维。

4.6.3　纤维混凝土动态压缩韧性的对比分析

图 4.28 表示了不同加载速率下 PC,SFRC 1.0%,BFRC 0.2%和 CFRC 0.1%的冲击韧度之间的对比情况。

由图 4.28 可知:总体上,对应于不同的加载速率,动态冲击韧度最高的是
SFRC 1.0%和 BFRC 0.2%,然后是 CFRC 0.1%,最后是 PC。SFRC 1.0%
和 BFRC 0.2%基本处于相当水平,对应不同的加载速率,有时 SFRC 1.0%
较高,有时 BFRC 0.2%较高,区别不明显。

图 4.29 表示了不同加载速率下 PC,SFRC 1.0%,BFRC 0.2%和 CFRC
0.1%的冲击耗散能之间的对比情况。

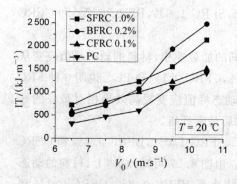

图 4.28 材料的冲击韧度对比   图 4.29 材料的冲击耗散能对比

由图 4.29 可知:总体上,对应于不同的加载速率,动态冲击耗散能最高的
是 SFRC 1.0%和 BFRC 0.2%,然后是 CFRC 0.1%,最后是 PC。从所有加
载速率和试验温度范围来看,SFRC 1.0%和 BFRC 0.2%相比,在低加载速率
下,BFRC 0.2%略低一些;在高加载速率下,有时 BFRC 0.2%较高,有时
SFRC 1.0%较高,区别不明显。因此,认为 SFRC 1.0%和 BFRC 0.2%的动
态冲击耗散能处于相当水平。

综合以上分析,关于动态压缩韧性的对比,大致可以得到以下结论:动态
压缩韧性最好的是 SFRC 1.0%和 BFRC 0.2%,SFRC 1.0%和 BFRC 0.2%
基本处于相当水平,然后是 CFRC 0.1%,最后是 PC。

概括起来,3 种 FRC 材料的动态压缩韧性均优于 PC,对 PC 的动态压缩
韧性改善效果最好的纤维种类是钢纤维和玄武岩纤维,然后是碳纤维。其中
钢纤维和玄武岩纤维的改善效果基本相当。

4.7 纤维混凝土动态抗压力学特性的变化机理分析

从以上对试验结果的讨论和分析可知,纤维混凝土(FRC)的动态压缩力
学性能,包括动态压缩强度、动态压缩变形和动态压缩韧性,普遍表现出明显
的加载速率强化效应,这被称为混凝土类材料的"率硬化"现象。FRC 具有的
这种"率硬化"现象可从以下 4 个方面进行解释。

（1）微裂纹扩展。混凝土材料的破坏是由于内部裂纹的萌发和扩展，而裂纹萌发过程所需的能量远比裂纹扩展所需的能量高。撞击速度越大，则应变率越高，产生的裂纹数目就越多，因而需要的能量就越多；又因为高速撞击的荷载作用时间很短，材料变形缓冲小，没有足够多的时间用于能量的积累，根据冲量定理或功能原理，只能通过增加应力的途径来抵消外部冲量或能量，结果导致材料的破坏应力随加载速率的增大而提高，混凝土材料的抗压强度以及相应的其他性能也就提高了。

（2）惯性约束效应。混凝土的率硬化效应可以看作材料由一维应力状态向一维应变状态转换过程中的力学响应。其理由：在高应变率下，混凝土材料受力不同于静态单轴受压的一维应力状态。在 SHPB 试验中，混凝土试件比较大，试件内部的受力状态已不能准确地说是一维应力，特别是试件的中间部位。在冲击荷载作用下，由于材料的惯性作用，试件的侧向变形受到限制，加载速率越高，其限制作用越大，材料越近似处于围压状态，即一维应变状态，这时材料的破坏应力就越高，从而其强度以及相应的其他性能也得到提高。

（3）黏性效应。黏性效应是指处于两块相对运动的相近平面之间由于存在黏性液体而产生黏聚力的现象。如两个平行圆盘之间填充一定黏度的不可压缩液体，当圆盘以某一相对运动速度分离时，圆盘之间的黏聚力与该速度成正比。将平行圆盘看作是混凝土内部 I 型裂纹的内表面，由断裂力学可知，裂纹位移与应力成正比，因而裂纹面的相对速度与加载速率成正比。因此，在中、高应变率下，混凝土中的自由水引起的黏聚力因加载速率的增大而增加，等效于减弱了作用在裂纹上的应力，在宏观上使得混凝土的断裂韧度、强度以及相应的其他性能随加载速率增加而提高。

（4）损伤力学理论。静态和动态下混凝土材料的损伤演化方式显著不同。在静态荷载作用下，混凝土的破坏可以认为是主裂纹的萌生与扩展过程。由于混凝土凝固过程中硬化干缩，所以在试样内部产生了大量的原始微裂纹，主要位于骨料与砂浆交界处，形成了原始缺陷最多的区域——过渡相区。在加载的初始段，在试样内部局部位置应力集中产生的拉应力作用下，部分原始裂纹开始扩展，由于该阶段裂纹扩展较缓慢，所以扩展后有利于减缓应力集中，因此整体应力-应变关系为近似的线弹性阶段。荷载继续增加后，裂纹的扩展主要沿集料和砂浆的界面进行，并进入砂浆内部，相邻的短裂纹贯通形成较长的裂纹，当一条或数条长裂纹（主裂纹）形成后，进入失稳扩展阶段。该阶段主裂纹扩展迅速，应力-应变曲线表现出明显的非线性，试样会出现体积膨胀。而在 SHPB 试验中，加载速率较高，加载的开始段在集料相、砂浆相和过渡相同时萌生大量的微裂纹，更有利于提高材料的韧性。同时，冲击荷载作用时间很短，材料变形的速度非常快，裂纹没有足够的时间沿最薄弱的界面扩展贯通,而是在各自的区域进行,从而也必然导致材料的破坏应力和峰值应变的增加。同时在破坏过程中裂纹来不及充分扩展,必然导致混凝土骨料的破坏,加载速率越高,混凝土骨料破坏得越多,从而使得混凝土的抗压强度以及相应的其他性能随加载速率增加而提高。

4.8 小　结

本章利用 Φ100 mm SHPB 装置分别对素混凝土(PC)、钢纤维混凝土(SFRC,纤维体积掺量为 0.4%,0.7% 和 1.0%)、玄武岩纤维混凝土(BFRC,纤维体积掺量为 0.1%,0.2% 和 0.3%)和碳纤维混凝土(CFRC,纤维体积掺量为 0.1%,0.2% 和 0.3%)的动态压缩力学性能展开研究,加载速率分别为 6.5 m/s,7.5 m/s,8.5 m/s,9.5 m/s 和 10.5 m/s。试验得到材料的动态应力-应变曲线,并分别从动态抗压强度、动态压缩变形和动态压缩韧性 3 个方面对 SFRC,BFRC 和 CFRC 的动态力学性能的变化规律及其影响因素进行了深入的分析和研究,并对 FRC 动态力学性能的变化机理进行了详细论述。经归纳得到以下结论:

（1）FRC 的动态力学性能受加载速率的影响,体现在其动态抗压强度、动态压缩变形和动态压缩韧性均同时具有加载速率效应,FRC 的动态抗压强度、动态压缩变形和动态压缩韧性均存在加载速率强化效应。

（2）钢纤维、玄武岩纤维和碳纤维的加入能有效改善 PC 的动态力学性能,包括动态抗压强度、动态压缩变形和动态压缩韧性。总体上来看,钢纤维的相对最佳体积掺量为 1.0%,玄武岩纤维的相对最佳纤维体积掺量为 0.2%,碳纤维的相对最佳掺量为 0.1%。

（3）对应于不同的加载速率,动态抗压强度从高到低的 FRC 材料依次为钢纤维混凝土(SFRC)、玄武岩纤维混凝土(BFRC)和碳纤维混凝土(CFRC);动态压缩变形从高到低的材料依次为钢纤维混凝土(SFRC)、玄武岩纤维混凝土(BFRC)和碳纤维混凝土(CFRC);动态压缩韧性相对最优的首先是钢纤维混凝土(SFRC)和玄武岩纤维混凝土(BFRC),二者基本相当,其次是碳纤维混凝土(CFRC)。

（4）总体上,3 种 FRC 的动态力学性能均优于 PC,它们的性能由高到低依次为钢纤维混凝土(SFRC)、玄武岩纤维混凝土(BFRC)和碳纤维混凝土(CFRC)。

第 5 章　纤维混凝土的动态劈拉力学特性

5.1　引　　言

抗拉强度是混凝土材料的一个重要力学性质,也是混凝土结构的强度和稳定性设计的一个基本控制参数。实际结构中,混凝土构件的破坏往往与其抗拉性能不足有关,尤其对于使用中会承受动荷载的结构(如防护工程)和地震作用下的结构,其破坏绝大部分是由于抗拉性能不足造成的。在现代防护工程中,混凝土材料承受瞬态高强的爆炸冲击荷载作用时的动态抗拉强度越来越受到关注,通过在混凝土中加入纤维能有效改善混凝土的脆性,提高其断裂韧性和抗折强度。研究纤维混凝土材料在动荷载下抗拉性能的变化规律能为其工程应用提供重要参考依据,具有重要的工程意义。

本章采用 $\Phi100$ mm SHPB 装置分别对素混凝土(PC)、钢纤维混凝土(SFRC,纤维体积掺量分别为 0.4%,0.7% 和 1.0%)、玄武岩纤维混凝土(BFRC,纤维体积掺量分别为 0.1%,0.2% 和 0.3%)和碳纤维混凝土(CFRC,纤维体积掺量分别为 0.1%,0.2% 和 0.3%)的平台巴西圆盘试件进行冲击劈拉试验。对比研究 3 种纤维混凝土的动态劈拉力学性能,讨论分析纤维混凝土动态劈拉强度和动态劈拉韧性的变化规律,对纤维混凝土动态劈拉的破坏形态进行分析和对比,并对纤维混凝土动态劈拉力学性能的变化机理进行了分析。

5.2　纤维混凝土的动态劈裂抗拉试验

平台巴西圆盘的 SHPB 试验已被应用于岩石的动态劈裂抗拉力学性能研究中[132-137]。在巴西圆盘上加工两个互相平行的平面作为加载面使试件变成平台巴西圆盘,能把圆盘端部的集中力改为平台上的均布力,改善了接触部位的受力状态,有利于试件中心起裂,可大大减少误差,提高试验精度。

本节把在岩石动态劈裂抗拉试验中取得成功的平台巴西圆盘试件引入纤维混凝土的动态劈裂抗拉试验中,利用 $\Phi100$ mm SHPB 装置和平台巴西圆盘试件对纤维混凝土的动态劈裂抗拉力学性能展开研究。

5.2.1　试验原理

5.2.1.1　动态抗拉强度及应变率的计算

如图 5.1 所示,直径为 $2r$,厚度为 L 的巴西圆盘受到一对大小相等的力 F 的作用,且 F 的作用线通过圆心 O,根据弹性力学可知,除力作用点附近外,力作用线上的应力状态为

$$\sigma_x = \frac{F}{\pi L r}, \quad \sigma_y = \frac{F}{\pi h r}\left(1 - \frac{4r^2}{r^2 - y^2}\right) \tag{5.1}$$

圆盘在相当大的范围内存在均匀的拉应力,由于混凝土类材料具有典型的拉压不对称性,当 σ_x 达到材料的抗拉强度时,试样沿垂直中面劈裂为两半,劈拉试验得到的抗拉强度称为劈裂抗拉强度。

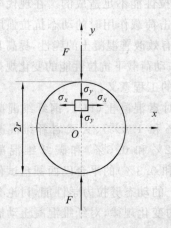

图 5.1　巴西圆盘受力

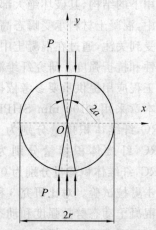

图 5.2　平台巴西圆盘受力

平台巴西圆盘的受力如图 5.2 所示,平台上的面荷载可以有效地改善加载部位处的应力集中,并可选择合理的平台中心角来保证试样在中心起裂。已有研究[132-133]指出,当加载角大于或等于一个临界值($2a \geqslant 20°$)时,可以保证测试要求的中心起裂条件,并得到了中心角 $2a = 20°$ 的平台巴西圆盘试样的动态劈拉强度计算公式:

$$f_{\text{st,d}} = 0.95\frac{P_{\max}}{\pi L r} \tag{5.2}$$

式中,$P_{\max}$ 为试验测得的最大荷载。

在 SHPB 试验过程中,当子弹以初速度撞击入射杆时,入射杆中将产生入射波 ε_i 沿杆传播,遇到平台巴西圆盘试件时将产生透射波 ε_t 与反射波 ε_r。根据作用力反作用力定理,试样受力 F 为

$$F = E\varepsilon_t \frac{\pi D^2}{4} \tag{5.3}$$

式中　　E——压杆的弹性模量；

　　　　D——压杆的直径。

根据式(5.2)，则试样中心点的拉应力 $\sigma_{st,d}$ 满足：

$$\sigma_{st,d} = 0.95 \frac{F}{\pi Lr} = 0.95 \frac{E\varepsilon_t D^2}{4Lr} \tag{5.4}$$

当中心点的应力达到最大值即为动态劈拉强度 $f_{st,d}$。对应的试验应力率和应变率分别为

$$\dot{\sigma} = \frac{f_{st,d}}{\tau}, \quad \dot{\varepsilon} = \frac{\dot{\sigma}}{E_s} = \frac{f_{st,d}}{\tau E_s} \tag{5.5}$$

式中　　τ——透射杆中的应力波由零到峰值的时间间隔；

　　　　E_s——试件的拉伸弹性模量。

由式(5.5)可知，计算得到的应变率在一定程度上依赖于劈裂强度和抗拉弹性模量。已有相关研究[86,94,98,138-139]认为，线弹性假设导致应变率一定程度依赖于劈拉强度，应变率的准确性将降低，而且材料的动态拉伸弹性模量难以用试验测定，一般都根据混凝土强度等级按照静态弹性模量数值进行计算，会给应变率计算带来误差。此外，对于动态劈拉试验，不同弹速下，透射波上升时间相差不大[94]，按式(5.5)得到的名义应变率受劈拉强度影响较大，甚至会出现高弹速下名义应变率下降的错误情况。可见，随着弹速和应变率的提高，计算得到的名义应变率的准确性会变差，此时用应变率指标将不足以全面衡量材料动态劈拉性能的变化规律。

为避免在高弹速和高应变率下计算得到的应变率的误差给分析过程和研究结果造成的不利影响，首先采用加载速率指标来衡量材料动态劈拉强度的变化，因为加载速率不仅可以反映材料动态劈拉强度的率效应，而且可以直接测试得到，所以大大提高了分析的精度；其次，从试样能量耗散的角度对材料的动态劈拉韧性作进一步分析。

5.2.1.2　动态劈拉试验的能量耗散原理

根据能量守恒，动态劈拉试件耗散的能量 $W_s(t)$ 为

$$W_s(t) = W_i(t) - W_r(t) - W_t(t) \tag{5.6}$$

式中　　$W_i(t)$——入射波能量；

　　　　$W_r(t)$——反射波能量；

　　　　$W_t(t)$——透射波能量。

三种波能量的表达式为

$$W_i(t) = ECA \int_0^T \varepsilon_i^2(t)\,\mathrm{d}t$$
$$W_r(t) = ECA \int_0^T \varepsilon_r^2(t)\,\mathrm{d}t \quad (5.7)$$
$$W_t(t) = ECA \int_0^T \varepsilon_t^2(t)\,\mathrm{d}t$$

式中　　E——压杆的弹性模量；

　　　　C——杆中波速；

　　　　A——压杆的横截面积；

　　　　T——任意时刻。

材料动态劈拉耗散能与其损伤演化直接相关,主要反映了拉伸损伤的影响,能体现试件强度与延性的综合性能,可以用来衡量混凝土动态劈拉韧性的变化规律。

实际上,此处的动态劈拉耗散能 $W_i(t)$ 与 4.4.2 节中的冲击耗散能 IDE 具有相似的含义,区别在于前者指整个试件耗散的能量,后者指单位体积的试件耗散的能量(见式(4.2)),二者均可用来评价材料的动态韧性。

可采用入射波能量变化率 $\dot{W}_i$ 来衡量试件耗散能的变化规律,用公式表示为

$$\dot{W}_i = W_i/t \quad (5.8)$$

式中　　t——入射波持续时间；

　　　　$\dot{W}_i$——入射波能量变化率,其大小能体现入射能量变化的快慢,可用来反映试件受冲击作用的强弱。

综上所述,本书分别采用加载速率-动态劈拉强度和入射波能量变化率-动态劈拉耗散能两种指标体系对材料的动态劈拉强度和动态劈拉韧性进行分析,以求全面研究材料的动态劈拉力学性能及客观真实反映材料的动态劈拉力学性能的变化规律。

5.2.2　试验技术

5.2.2.1　试验设备

利用 $\Phi100$ mm SHPB 装置进行动态劈裂拉伸试验。$\Phi100$ mm SHPB 装置如图 5.3 所示,图 5.4 所示为 FRC 的平台巴西圆盘试件与 SHPB 装置组装图,动态劈拉试验的 SHPB 装置示意图如图 5.5 所示。

图 5.3　$\Phi100$ mm SHPB 装置　　　图 5.4　试件与 SHPB 装置组装图

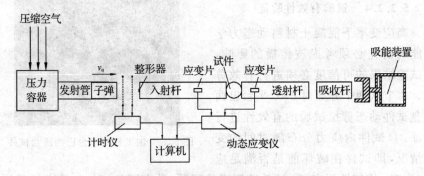

图 5.5 动态劈拉试验的 SHPB 装置示意图

5.2.2.2 波形整形技术

本试验亦采用波形整形技术[114-116]来提高试验精度,通过在入射杆打击面的中心粘贴 H62 黄铜波形整形器来改善入射波形。整形后的入射脉冲呈半正弦状,不仅消除了过冲及高频振荡,避免了应力波弥散效应,还可以延长入射脉冲升时,有利于实现试件前、后端面受力的均匀性。如图 5.6 所示给出了采用波形整形技术后设备采集到的混凝土动态劈拉试验的典型原始波形。

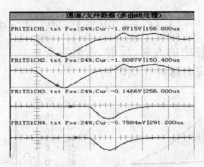

图 5.6 采集到的典型原始波形

5.2.2.3 试件制备及加工

FRC 试件制备的原料、配比和养护制度与静态试验相同。

(1)试件规格:平台巴西圆盘试件,几何尺寸 $\Phi 98\ mm \times 48\ mm$,平台中心角为 $20°$。

(2)试件加工:养护 28 d 后取出长圆柱体试件,先在 DQ—1 型切割机上(见图 4.1)对试件进行切割,然后用 SHM—200 型双端面打磨机(见图 4.2)对切割好的试件进行端面水磨精细加工,以保证试件的平面度、光洁度、垂直度和平台中心角在标准范围内。试件加工设备都是专用于混凝土、岩石类材料的专业机械,操作方便,加工精度高。加工好的平台巴西圆盘试件如图 5.7 所示。

5.2.2.4 试验有效性验证

高应变率下混凝土材料动态力学
性能的研究必须考虑波传播的影响，
对试验结果的可信度必须进行有效分
析。本节从两个方面对 FRC 平台巴西
圆盘试件动态劈拉试验的有效性进行
验证：① 试件内应力分布随时间的变
化情况，即试件在破坏前是否满足应

图 5.7　加工好的平台巴西圆盘试件

力（应变）均匀性假定；② 试件破坏模式问题，动态劈拉试验的基本原理均来
自于对心圆盘问题的平面弹性理论，高应变率下试件的应力分布规律及数值
大小是否仍然符合静态理论直接影响到劈拉强度数值的可靠性。

1. 试件应力均匀性分析

根据应力均匀假设[113]，将 $\varepsilon_i + \varepsilon_r$ 与 ε_t 进行比较，可直观判断应力均匀情
况。典型的应力均匀性情况如图 5.8 所示，可见应力均匀性良好。采用应力
平衡因子 D（dynamic stress nonequilibrium coefficient）对应力均匀性问题进
行定量描述，即

$$D = \left[\int_0^T (\varepsilon_i + \varepsilon_r)\mathrm{d}t - \int_0^T \varepsilon_t\mathrm{d}t\right]\Big/\int_0^T \varepsilon_t\mathrm{d}t \tag{5.9}$$

式中　　$\varepsilon_i, \varepsilon_r, \varepsilon_t$——杆中的入射、反射、透射应变；

T——应力脉冲作用时间。

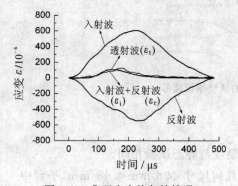

图 5.8　典型应力均匀性情况

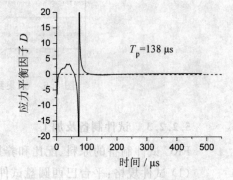

图 5.9　应力平衡因子 D 的变化情况

如图 5.9 所示，对 D 的变化情况进行分析，图中 T_P 为试件开始破坏时刻，
显然，试件在开始破坏之前就已经达到应力均匀分布，且在整个加载过程中的
绝大多数时间内保持应力均匀状态。

2. 试件破坏模式分析

图 5.10 所示为对素混凝土（PC）、钢纤维混凝土（SFRC）、玄武岩纤维混

凝土(BFRC)和碳纤维混凝土(CFRC)进行动态劈拉加载得到的试件的典型
破坏形态。

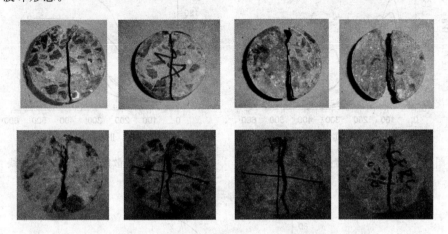

图 5.10　动态劈拉试验得到的试件典型破坏形态

由图 5.10 可知,各种试件的破坏基本都是沿着试件中线,从中间劈裂为
两半,说明对平台巴西圆盘试件进行径向加载产生的应力分布规律基本符合
对心圆盘问题的平面弹性理论,试验结果可靠。

通过以上分析可知,对平台巴西圆盘试件进行径向加载的动态劈拉试验
方法可靠,试验结果可信。

5.2.3　试验结果

将对应于某种纤维和某一纤维体积掺量的试件归为一类试件,每类试件
进行 14 组冲击劈拉试验,本试验共对 10 类 140 个试件进行了试验,试件数量
分别为 PC—14 组,SFRC—42 组,BFRC—42 组,CFRC—42 组。通过对所有
数据的有效性和规律性进行分析,从每类试件中选取 7 组有代表性的数据进
行分析,共对 70 组试验数据进行分析。

下面按照纤维混凝土种类分别列举 PC,SFRC,BFRC 和 CFRC 4 种材料
的动态劈拉试验结果。

5.2.3.1　素混凝土(PC)

试验得到 PC 的动态劈拉应力-时间曲线如图 5.11 所示。图 5.12 所示
为 PC 在不同入射波能量变化率下动态劈拉耗散能随时间的变化曲线。入射
波、反射波、透射波能量和耗散能随时间的典型变化曲线如图 5.13 所示。

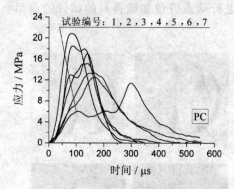

图 5.11　PC 的动态劈拉应力-时间曲线

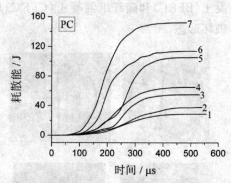

图 5.12　PC 的耗散能随时间的变化曲线

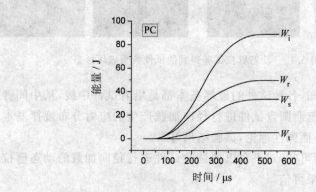

图 5.13　PC 的能量随时间的变化曲线

计算得到的试验数据见表 5.1。在表 5.1 中，V_0 代表加载速率；$f_{st,d}$ 代表动态劈拉强度；$f_{st,s}$ 代表静态劈拉强度；$\dot{W}_i$ 是入射波能量变化率；$W_{s,max}$ 是动态劈拉耗散能；动态劈拉强度增长因子 DSF（Dynamic Splitting Strength Increasing Factor，简称 DSF）是动态劈拉强度与静态劈拉强度的比值，用公式可表示为

$$DSF = f_{st,d} / f_{st,s} \qquad (5.10)$$

表 5.1　素混凝土(PC)试验数据

编　号	$V_0/(\mathrm{m \cdot s^{-1}})$	$f_{st,d}/\mathrm{MPa}$	$f_{st,s}/\mathrm{MPa}$	DSF	$\dot{W}_i/(\mathrm{MJ \cdot s^{-1}})$	$W_{s,max}/\mathrm{J}$
1	3.12	11.40	4.53	2.52	0.21	28.79
2	4.15	12.57	4.53	2.77	0.38	37.91
3	4.99	13.36	4.53	2.95	0.71	55.05
4	5.95	15.16	4.53	3.35	1.05	65.00

续　表

编　号	$V_0/(\mathrm{m \cdot s^{-1}})$	$f_{\mathrm{st,d}}/\mathrm{MPa}$	$f_{\mathrm{st,s}}/\mathrm{MPa}$	DSF	$\dot{W}_\mathrm{i}/(\mathrm{MJ \cdot s^{-1}})$	$W_{\mathrm{s,max}}/\mathrm{J}$
5	6.99	17.02	4.53	3.76	1.56	105.32
6	7.95	18.49	4.53	4.08	2.07	113.86
7	8.98	20.86	4.53	4.60	2.89	152.21

5.2.3.2　钢纤维混凝土(SFRC)

不同纤维体积掺量的 SFRC 的动态劈拉应力-时间曲线如图 5.14 所示，不同入射波能量变化率下动态劈拉耗散能随时间的变化曲线如图 5.15 所示，SFRC 的能量随时间的变化曲线如图 5.16 所示，表 5.2 为钢纤维混凝土的试验数据。

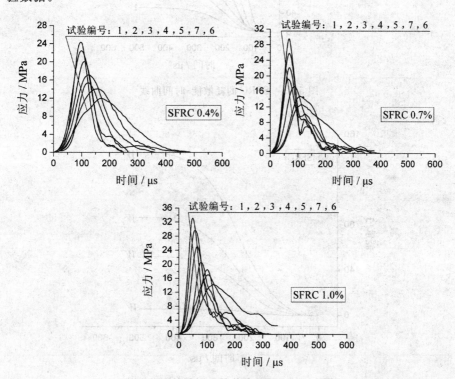

图 5.14　SFRC 的动态劈拉应力-时间曲线

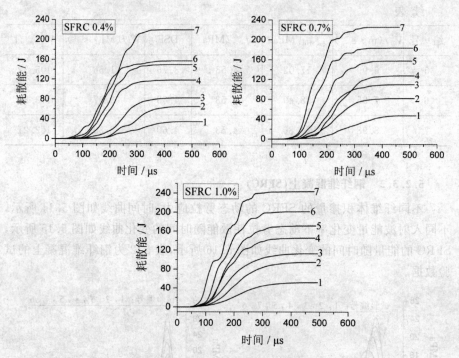

图 5.15　SFRC 的耗散能-时间曲线

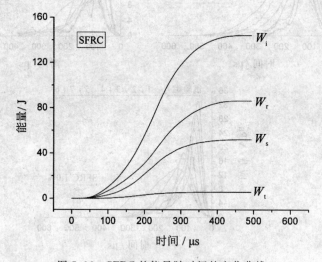

图 5.16　SFRC 的能量随时间的变化曲线

表 5.2　钢纤维混凝土(SFRC)试验数据

纤维体积掺量	编号	$V_0/(\mathrm{m \cdot s^{-1}})$	$f_{\mathrm{st,d}}/\mathrm{MPa}$	$f_{\mathrm{st,s}}/\mathrm{MPa}$	DSF	$\dot{W}_\mathrm{i}/(\mathrm{MJ \cdot s^{-1}})$	$W_{\mathrm{s,max}}/\mathrm{J}$
SFRC 0.4%	1	3.10	11.93	5.56	2.15	0.23	34.85
	2	4.25	14.05	5.56	2.53	0.39	65.16
	3	5.03	15.41	5.56	2.77	0.74	82.48
	4	6.09	17.15	5.56	3.09	1.09	118.36
	5	7.20	20.08	5.56	3.61	1.52	149.56
	6	8.07	22.44	5.56	4.04	2.08	157.27
	7	9.15	24.32	5.56	4.37	2.98	219.72
SFRC 0.7%	1	3.15	12.59	6.02	2.09	0.25	47.80
	2	4.10	14.71	6.02	2.44	0.40	82.42
	3	5.16	17.18	6.02	2.85	0.79	110.34
	4	6.20	19.15	6.02	3.18	1.13	128.36
	5	7.24	22.10	6.02	3.67	1.48	158.32
	6	8.12	25.76	6.02	4.28	2.15	184.30
	7	9.25	29.51	6.02	4.90	2.94	226.08
SFRC 1.0%	1	3.10	14.17	6.32	2.24	0.22	52.17
	2	4.24	17.03	6.32	2.69	0.37	94.85
	3	5.07	18.44	6.32	2.92	0.69	112.93
	4	6.13	20.52	6.32	3.25	0.98	145.72
	5	7.12	25.02	6.32	3.96	1.60	171.43
	6	8.23	29.62	6.32	4.69	2.04	201.87
	7	9.18	33.08	6.32	5.23	2.95	243.61

5.2.3.3　玄武岩纤维混凝土(BFRC)

不同纤维体积掺量的 BFRC 的动态劈拉应力-时间曲线如图 5.17 所示，不同入射波能量变化率下动态劈拉耗散能随时间的变化曲线如图 5.18 所示，BFRC 的能量随时间的变化曲线如图 5.19 所示，表 5.3 为玄武岩纤维混凝土试验数据。

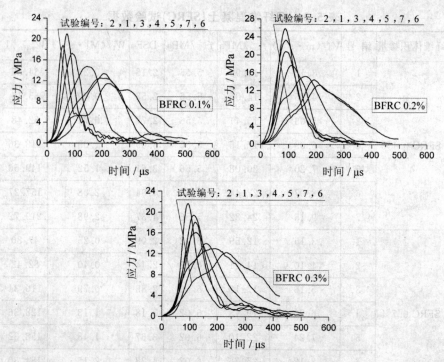

图 5.17　BFRC 的动态劈拉应力-时间曲线

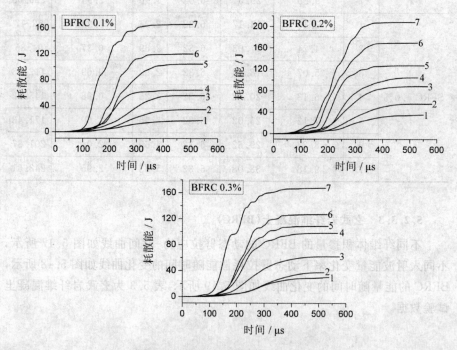

图 5.18　BFRC 的耗散能-时间曲线

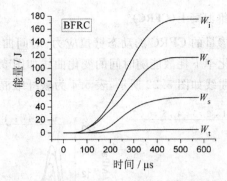

图 5.19　BFRC 的能量随时间的变化曲线

表 5.3　玄武岩纤维混凝土(BFRC)试验数据

纤维体积掺量	编号	$V_0/(\text{m} \cdot \text{s}^{-1})$	$f_{\text{st,d}}/\text{MPa}$	$f_{\text{st,s}}/\text{MPa}$	DSF	$\dot{W}_i/(\text{MJ} \cdot \text{s}^{-1})$	$W_{\text{s,max}}/\text{J}$
BFRC 0.1%	1	3.02	11.48	4.50	2.55	0.18	17.88
	2	3.98	12.52	4.50	2.78	0.40	34.77
	3	5.10	13.38	4.50	2.97	0.74	56.14
	4	5.93	14.75	4.50	3.28	0.99	64.14
	5	7.08	17.27	4.50	3.84	1.49	104.70
	6	8.03	18.70	4.50	4.16	2.15	120.20
	7	9.18	20.97	4.50	4.66	2.95	166.10
BFRC 0.2%	1	3.11	13.25	5.90	2.25	0.19	35.44
	2	3.96	14.47	5.90	2.45	0.37	56.10
	3	4.95	15.24	5.90	2.58	0.69	88.64
	4	6.09	17.67	5.90	2.99	1.02	104.94
	5	7.11	20.77	5.90	3.52	1.64	127.37
	6	8.13	23.26	5.90	3.94	2.02	169.80
	7	9.11	25.84	5.90	4.38	2.91	208.55
BFRC 0.3%	1	3.25	12.28	4.89	2.51	0.20	30.27
	2	4.13	13.03	4.89	2.66	0.35	37.49
	3	5.08	13.97	4.89	2.86	0.73	61.75
	4	6.19	16.08	4.89	3.29	1.06	98.21
	5	7.15	18.12	4.89	3.70	1.58	108.72
	6	7.97	19.43	4.89	3.97	2.13	126.97
	7	8.96	21.65	4.89	4.43	2.88	167.42

5.2.3.4 碳纤维混凝土(CFRC)

不同纤维体积掺量的 CFRC 的动态劈拉应力-时间曲线如图 5.20 所示,不同入射波能量变化率下耗散能随时间的变化曲线如图 5.21 所示,CFRC 的能量随时间的变化曲线如图 5.22 所示,表 5.4 为碳纤维混凝土的试验数据。

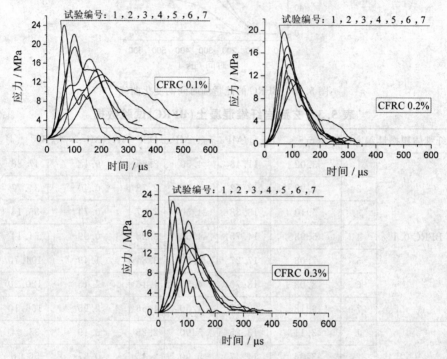

图 5.20 CFRC 的动态劈拉应力-时间曲线

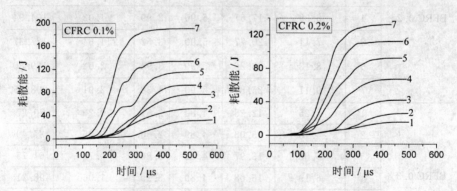

图 5.21 CFRC 的耗散能-时间曲线

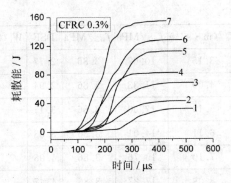

续图 5.21　CFRC 的耗散能-时间曲线

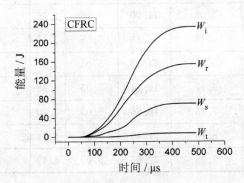

图 5.22　CFRC 的能量随时间的变化曲线

表 5.4　碳纤维混凝土(CFRC)试验数据

纤维体积掺量	编号	$V_0/(\mathrm{m \cdot s^{-1}})$	$f_{\mathrm{st,d}}/\mathrm{MPa}$	$f_{\mathrm{st,s}}/\mathrm{MPa}$	DSF	$\dot{W}_i/(\mathrm{MJ \cdot s^{-1}})$	$W_{\mathrm{s,max}}/\mathrm{J}$
	1	3.06	12.37	5.22	2.37	0.18	33.32
	2	3.98	13.62	5.22	2.61	0.36	52.61
	3	5.07	14.72	5.22	2.82	0.69	77.13
CFRC 0.1%	4	6.09	16.87	5.22	3.23	1.10	93.15
	5	7.17	19.48	5.22	3.73	1.58	116.22
	6	8.12	22.14	5.22	4.24	2.10	134.68
	7	9.14	24.06	5.22	4.61	2.93	190.94

续 表

纤维体积掺量	编号	$V_0/(\mathrm{m \cdot s^{-1}})$	$f_{st.d}/\mathrm{MPa}$	$f_{st.s}/\mathrm{MPa}$	DSF	$\dot{W}_i/(\mathrm{MJ \cdot s^{-1}})$	$W_{s,max}/\mathrm{J}$
CFRC 0.2%	1	3.15	10.67	3.86	2.77	0.21	16.15
	2	4.09	11.33	3.86	2.94	0.37	26.57
	3	5.13	12.00	3.86	3.11	0.73	42.36
	4	6.11	14.01	3.86	3.63	1.20	67.45
	5	7.10	15.76	3.86	4.08	1.47	92.77
	6	8.09	17.27	3.86	4.47	2.17	112.64
	7	9.15	19.76	3.86	5.12	2.96	132.72
CFRC 0.3%	1	3.08	11.90	5.05	2.36	0.22	32.07
	2	4.18	13.13	5.05	2.60	0.35	42.92
	3	5.04	14.13	5.05	2.80	0.68	68.34
	4	6.17	16.74	5.05	3.32	1.07	82.59
	5	7.03	18.66	5.05	3.70	1.63	112.54
	6	8.16	21.40	5.05	4.24	2.13	127.97
	7	9.05	22.66	5.05	4.49	2.95	154.51

5.3 纤维混凝土动态劈拉力学特性的分析和讨论

以动态劈拉强度作为强度特性评价指标,以动态劈拉耗散能作为韧性评价指标,分别采用加载速率-动态劈拉强度和入射波能量变化率-动态劈拉耗散能两种指标体系对材料的动态劈拉强度和动态劈拉韧性进行分析,以求全面研究材料的动态劈拉力学性能。

5.3.1 素混凝土(PC)

5.3.1.1 素混凝土(PC)的动态劈拉强度

考察 PC 的动态劈拉强度随加载速率的变化曲线,如图 5.23 所示。

由图 5.23 可见,随着加载速率逐渐提高,动态劈拉强度逐渐升高,说明混凝土的动态劈拉强度具有明显的加载速率增强效应,加载速率越大,则动态劈拉强度越高。

进一步分析 PC 的动态劈拉强度增长因子随加载速率的变化规律,如图 5.24 所示。由图 5.24 可见,随着加载速率逐渐提高,动态劈拉强度增长因子逐渐升高,最高可以达到 4.6,即此时的动态劈拉强度是静态劈拉强度的 4.6 倍。

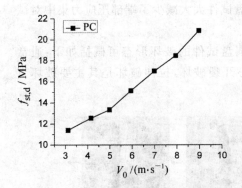

图 5.23　PC 的动态劈拉强度随 　　　　图 5.24　PC 的动态劈拉强度增长因子随
　　　　加载速率的变化曲线　　　　　　　　　加载速率的变化曲线

5.3.1.2　素混凝土(PC)的动态劈拉韧性

图 5.25 表示了 PC 试件的动态劈拉耗散能随入射波能量变化率的变化曲线。由图 5.25 可见,随着入射波能量变化率逐渐增加,PC 的动态劈拉耗散能不断提高,说明混凝土的动态劈拉韧性具有显著的能量变化率增强效应,入射波能量变化率越大,材料耗散的能量越高,反映了材料在高速变形过程中韧性的率强化效应。

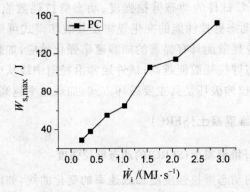

图 5.25　PC 的动态劈拉耗散能随入射波能量变化率的变化曲线

5.3.1.3　素混凝土(PC)的动态劈拉破坏形态

不同加载速率下的 PC 巴西平台圆盘试件的动态劈拉破坏形态如图 5.26 所示,图中箭头代表加载速率逐渐提高。

由图 5.26 可见,PC 试件的动态劈拉破坏形态基本相同,加载速率越高,破坏越严重。在较低加载速率下,试件平台部分压碎区很小;在较高加载速率下,试件受到的冲击载荷增大,平台部分压碎区有所扩大。但总体来看,平台压碎区还是很小一部分,有效避免了无平台试件受冲击力会在加载端部产生较大面积的压碎区。说明平台巴西圆盘试件大大减少了端部压应力集中对试件受力和破坏形态的影响。

不同加载速率下 PC 的平台巴西圆盘试件的破坏形态可概括如下:通常沿径向中线从中间裂为两半,均为中心开裂破坏,拉伸破坏是其主要破坏方式;加载速率越高,则破坏越严重。

图 5.26　PC 试件的动态劈拉破坏形态

综合以上对 PC 试件的动态劈拉强度、动态劈拉耗散能以及破坏形态的分析,PC 试件的动态劈拉性能的变化规律及其破坏模式可概括如下:动态劈拉强度和动态劈拉耗散能具有显著的加载速率强化效应,加载速率越高,则动态劈拉强度和动态劈拉耗散能越高;试件通常沿径向中线从中间裂为两半,均为中心开裂破坏,拉伸破坏是其主要破坏方式;加载速率越高,则破坏越严重。

5.3.2　钢纤维混凝土(SFRC)

5.3.2.1　钢纤维混凝土(SFRC)的动态劈拉强度

考察 SFRC 的动态劈拉强度随加载速率的变化曲线,如图 5.27 所示。由图 5.27 可见,随着加载速率逐渐提高,SFRC 的动态劈拉强度逐渐升高;相同加载速率下,强度从高到低依次为 SFRC 1.0%,SFRC 0.7%,SFRC 0.4% 和 PC。说明 SFRC 的动态劈拉强度具有明显的加载速率增强效应,加载速率越大,则动态劈拉强度越高;钢纤维的加入能显著提高 PC 的动态劈拉强度,纤维体积掺量越大,则提高幅度越大。

　　进一步分析 SFRC 的动态劈拉强度增长因子随加载速率的变化规律,如图 5.28 所示。由图 5.28 可见:随着加载速率逐渐提高,SFRC 动态劈拉强度增长因子逐渐升高,最高可以达到 5.23,即此时的动态劈拉强度是静态劈拉强度的 5.23 倍。总体来看,SFRC 1.0% 的 DSF 相对较高,其次是 SFRC 0.7% 和 SFRC 0.4%,SFRC 0.7% 略高于 SFRC 0.4%,和 PC 相比,SFRC 的 DSF 的优势并不明显。说明 SFRC 的动态劈拉强度增长因子具有明显的加载速率增强效应,加载速率越大,则动态劈拉强度增长因子越高;钢纤维体积掺量对 SFRC 的 DSF 有一定影响,但钢纤维对 PC 的动态劈拉强度增长因子没有明显增强作用。

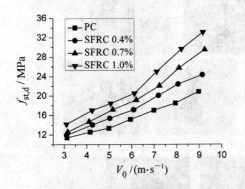

图 5.27　SFRC 的动态劈拉强度随
加载速率的变化曲线

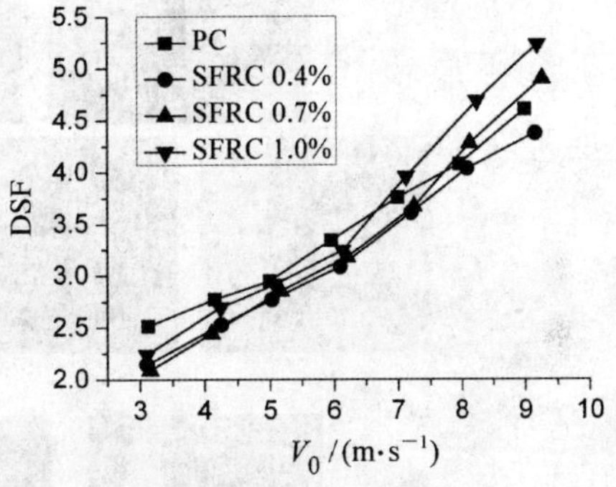

图 5.28　SFRC 的动态劈拉强度增长因子随
加载速率的变化规律

5.3.2.2　钢纤维混凝土(SFRC)的动态劈拉韧性

　　图 5.29 表示了 SFRC 试件的动态劈拉耗散能随入射波能量变化率的变化曲线。

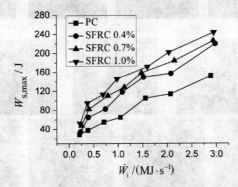

图 5.29　SFRC 的动态劈拉耗散能随入射波能量变化率的变化曲线

　　由图 5.29 可见,随着入射波能量变化率逐渐增加,SFRC 的动态劈拉耗散能不断提高;相同加载速率下,SFRC 的动态劈拉耗散能高于 PC,且从高到低依次为SFRC 1.0%,SFRC 0.7%和SFRC 0.4%。说明SFRC的动态劈拉韧性具有显著的能量变化率增强效应。入射波能量变化率越大,材料吸收的能量越高,反映出了SFRC在高速拉伸变形韧性的率强化效应;钢纤维可以显著增强PC的动态劈拉韧性,且掺量越大,增幅越大。

5.3.2.3 钢纤维混凝土(SFRC)的动态劈拉破坏形态

不同加载速率下SFRC的巴西平台圆盘试件的动态劈拉破坏形态如图5.30所示,图中箭头代表加载速率逐渐提高。

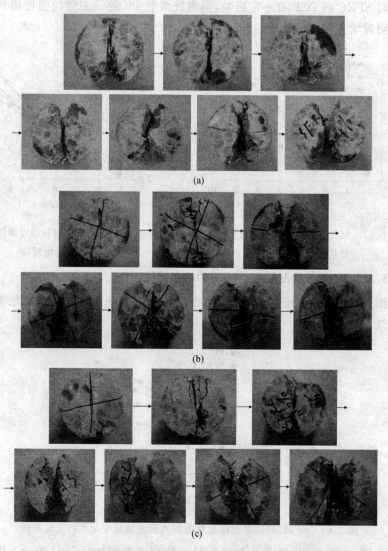

图5.30 不同加载速率下SFRC试件的动态劈拉破坏形态
(a)SFRC 0.4%; (b)SFRC 0.7%; (c)SFRC 1.0%

由图 5.30 可见,SFRC 试件的破坏形态基本相同,加载速率越高,破坏相对越严重。较低加载速率下,试件平台部分压碎区极小,试件裂而不散,仍然是一个整体;较高加载速率下,试件受到的冲击载荷增大,平台部分压碎区有所扩大,试件裂为两半,但大部分仍然通过钢纤维连在一起。

不同加载速率下 SFRC 的平台巴西圆盘试件的破坏形态可概括如下:通常沿径向中线从中间开裂,均为中心开裂破坏,拉伸破坏是其主要破坏方式;加载速率越高,则破坏相对越严重,较低加载速率下,裂而不散,较高加载速率下,裂开但仍能通过钢纤维连在一起。

综合以上对 SFRC 试件的动态劈拉强度、动态劈拉耗散能以及破坏形态的分析,SFRC 试件的动态劈拉性能的变化规律及其破坏模式可概括如下:动态劈拉强度和动态劈拉耗散能具有显著的加载速率强化效应,加载速率越高,则动态劈拉强度和动态劈拉耗散能越高;钢纤维体积掺量对动态劈拉强度和动态劈拉耗散能具有显著影响,掺量越大,则相应的动态劈拉强度和动态劈拉耗散能越大,相对最优纤维体积掺量为 1.0%;试件通常沿径向中线从中间开裂,均为中心开裂破坏,拉伸破坏是其主要破坏方式;加载速率越高,则破坏相对越严重,较低加载速率下,裂而不散,较高加载速率下,试件裂开但仍能通过钢纤维连在一起。

5.3.3　玄武岩纤维混凝土(BFRC)

5.3.3.1　玄武岩纤维混凝土(BFRC)的动态劈拉强度

考察 BFRC 的动态劈拉强度随加载速率的变化曲线,如图 5.31 所示。由图 5.31 可见:随着加载速率逐渐提高,BFRC 的动态劈拉强度逐渐升高;相同加载速率下,相对最高的是 BFRC 0.2%,其次是 BFRC 0.3%,而 BFRC 0.1% 和 PC 基本相当。说明 BFRC 的动态劈拉强度具有明显的加载速率增强效应,加载速率最大,则动态劈拉强度越高;玄武岩纤维的加入能显著提高 PC 的动态劈拉强度,当纤维体积掺量为 0.2% 时提高幅度最大,其次是 0.3% 的纤维体积掺量,当纤维体积掺量为 0.1% 时,没有明显增强效果。

进一步分析 BFRC 的动态劈拉强度增长因子随加载速率的变化规律,如图 5.32 所示。由图 5.32 可见:随着加载速率逐渐提高,BFRC 动态劈拉强度增长因子逐渐升高,最高约为 4.66,即此时的动态劈拉强度是静态劈拉强度的 4.66 倍。总体来看,PC 和 BFRC 0.1% 的 DSF 相对最高,其次是 BFRC 0.3% 和 BFRC 0.2%,玄武岩纤维对 PC 的 DSF 没有明显的增强效果。说明 BFRC 的动态劈拉强度增长因子具有明显的加载速率增强效应,加载速率越大,则动态劈拉强度增长因子越高;玄武岩纤维体积掺量对 BFRC 的 DSF 有一定影响,但玄武岩纤维对 PC 的动态劈拉强度增长因子没有明显增强作用。

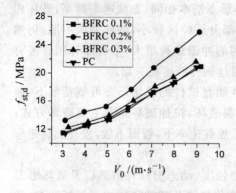

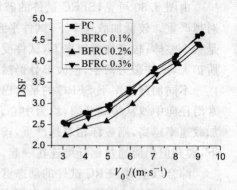

图 5.31　BFRC 的动态劈拉强度随
加载速率的变化曲线

图 5.32　BFRC 的动态劈拉强度增长因子随
加载速率的变化规律

5.3.3.2　玄武岩纤维混凝土(BFRC)的动态劈拉韧性

图 5.33 表示了 BFRC 试件的动态劈拉耗散能随入射波能量变化率的变化曲线。由图 5.33 可见,随着入射波能量变化率逐渐增加,BFRC 的动态劈拉耗散能不断提高;相同加载速率下,动态劈拉耗散能相对较高的是 BFRC 0.2%,其次是 BFRC 0.3%,而 BFRC 0.1%和 PC 基本相当。

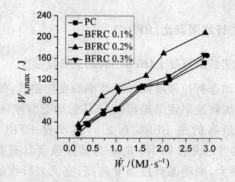

图 5.33　BFRC 的动态劈拉耗散能随入射波能量变化率的变化曲线

可见,BFRC 的动态劈拉韧性具有显著的能量变化率增强效应,入射波能量变化率越大,材料吸收的能量越高,反映出了 BFRC 在高速拉伸变形过程中韧性的率强化效应;玄武岩纤维可以显著增强 PC 的动态劈拉韧性,当纤维体积掺量为 0.2%时,增幅相对较高,其次是 0.3%的纤维体积掺量,当纤维体积掺量为0.1%时增强效果不明显。

5.3.3.3　玄武岩纤维混凝土(BFRC)的动态劈拉破坏形态

不同加载速率下 BFRC 的巴西平台圆盘试件的动态劈拉破坏形态如图 5.34 所示,图中箭头含义同 5.3.2.3 节。

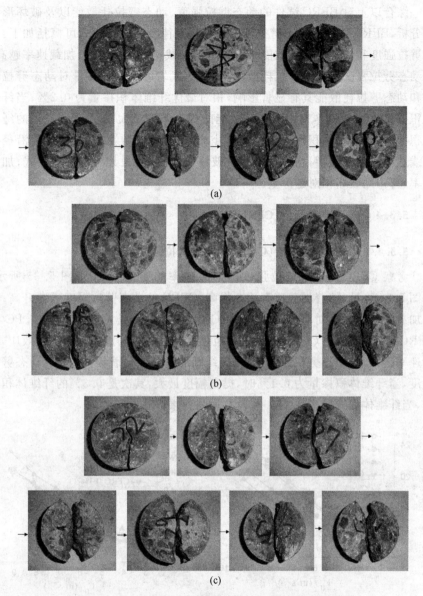

图 5.34　不同加载速度下 BFRC 试件的动态劈拉破坏形态

(a)BFRC 0.1%；　(b)BFRC 0.2%；　(c)BFRC 0.3%

　　由图 5.34 可见，BFRC 试件的破坏形态与 PC 类似。不同加载速率下 BFRC 的平台巴西圆盘试件的破坏形态可概括如下：通常沿径向中线从中间裂为两半，均为中心开裂破坏，拉伸破坏是其主要破坏方式；加载速率越高，则破坏相对越严重。

综合以上对 BFRC 试件的动态劈拉强度、动态劈拉耗散能以及破坏形态的分析,BFRC 试件的动态劈拉性能的变化规律及其破坏模式可概括如下:动态劈拉强度和动态劈拉耗散能具有显著的加载速率强化效应,加载速率越高,则动态劈拉强度和动态劈拉耗散能越高;玄武岩纤维体积掺量对动态劈拉强度和动态劈拉耗散能具有显著影响,相对最优纤维体积掺量为 0.2%;当纤维体积掺量为 0.2%时,对强度和耗散能的提高幅度最大,其次是 0.3%的纤维体积掺量,当纤维体积掺量为 0.1%时,没有明显增强效果;试件通常沿径向中线从中间裂为两半,均为中心开裂破坏,拉伸破坏是其主要破坏方式;加载速率越高,则破坏相对越严重。

5.3.4 碳纤维混凝土(CFRC)

5.3.4.1 碳纤维混凝土(CFRC)的动态劈拉强度

考察 CFRC 的动态劈拉强度随加载速率的变化曲线,如图 5.35 所示。由图 5.35 可见,随着加载速率逐渐提高,CFRC 的动态劈拉强度逐渐升高;相同加载速率下,相对较高的是 CFRC 0.1%,其次是 CFRC 0.3%,PC 和 CFRC 0.2%。说明 CFRC 的动态劈拉强度具有明显的加载速率增强效应,加载速率越大,则动态劈拉强度越高;碳纤维的加入能显著提高 PC 的动态劈拉强度,当纤维体积掺量为 0.1%时,提高幅度最大,其次是 0.3%的纤维体积掺量,当纤维体积掺量为 0.2%时,没有增强效果。

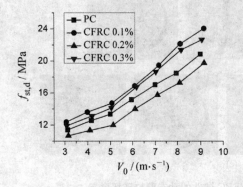

图 5.35 CFRC 的动态劈拉强度随加载速率的变化曲线

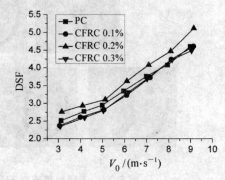

图 5.36 CFRC 的动态劈拉强度增长因子随加载速率的变化规律

进一步分析 CFRC 的动态劈拉强度增长因子随加载速率的变化规律,如图 5.36 所示。由图 5.36 可见:随着加载速率逐渐提高,CFRC 动态劈拉强度增长因子逐渐升高,最高可以达到 4.6,即此时的动态劈拉强度是静态劈拉强度的 4.6 倍;总体来看,CFRC 0.2%的 DSF 相对较高,其次是 PC,而 CFRC 0.3%和

CFRC 0.2%基本相当。说明 CFRC 的动态劈拉强度增长因子具有明显的加载速率增强效应,加载速率越大,则动态劈拉强度增长因子越高;碳纤维体积掺量对 CFRC 的 DSF 有一定影响,当纤维体积掺量为 0.1%时,对 PC 的动态劈拉强度增长因子有明显的增强作用。

5.3.4.2　碳纤维混凝土(CFRC)的动态劈拉韧性

如图 5.37 所示为 CFRC 试件的动态劈拉耗散能随入射波能量变化率的变化曲线。由图 5.37 可见,随着入射波能量变化率逐渐增加,CFRC 的动态劈拉耗散能不断提高;相同加载速率下,动态劈拉耗散能相对较高的是 CFRC 0.1%,其次依次是 CFRC 0.3%,PC 和 CFRC 0.2%。说明 CFRC 的动态劈拉韧性具有显著的能量变化率增强效应,入射波能量变化率越大,材料吸收的能量越高,反映出了 CFRC 在高速拉伸变形过程中韧性的率强化效应;碳纤维可以显著增强 PC 的动态劈拉韧性,当纤维体积掺量为 0.1%时,增幅相对较高,其次是 0.3%的纤维体积掺量,当纤维体积掺量为 0.2%时,没有增强效果。

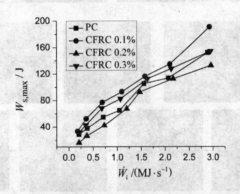

图 5.37　CFRC 的动态劈拉耗散能随入射波能量变化率的变化曲线

5.3.4.3　碳纤维混凝土(CFRC)的动态劈拉破坏形态

不同加载速率下 CFRC 试件的动态劈拉破坏形态如图 5.38 所示,图中箭头含义同 5.3.2.3 节。由图 5.38 可见,CFRC 试件的破坏形态与 PC 和 BFRC 类似。

不同加载速率下 CFRC 的平台巴西圆盘试件的破坏形态可概括如下:通常沿径向中线从中间裂为两半,均为中心开裂破坏,拉伸破坏是其主要破坏方式;加载速率越高,则破坏相对越严重。

综合以上对 CFRC 试件的动态劈拉强度、动态劈拉耗散能以及破坏形态的分析,CFRC 试件的动态劈拉性能的变化规律及其破坏模式可概括如下:动态劈拉强度和动态劈拉耗散能具有显著的加载速率强化效应,加载速率越高,则动态劈拉强度和动态劈拉耗散能越高；碳纤维体积掺量对动态劈拉强度和动态劈拉耗散能具有显著影响，相对较优纤维体积掺量为 0.1%；当纤维体积掺量为0.1%时，对强度和耗散能的提高幅度最大，其次是 0.3%的纤维体积掺量，当纤维体积掺量为 0.2%时，没有增强效果；试件通常沿径向中线从中间裂为两半，均为中心开裂破坏，拉伸破坏是其主要破坏方式；加载速率越高，则破坏相对越严重。

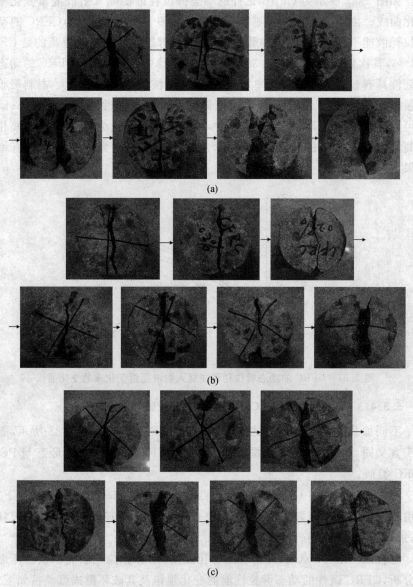

图 5.38　不同加载速率下 CFRC 试件的动态劈拉破坏形态
(a)CFRC 0.1%；　(b)CFRC 0.2%；　(c)CFRC 0.3%

5.3.5　对比分析

由于不同 FRC 的纤维体积掺量不同,基于性能对比的需要,分别对相对较优纤维体积掺量的钢纤维混凝土(SFRC 1.0%)、玄武岩纤维混凝土(BFRC 0.2%)和碳纤维混凝土(CFRC 0.1%)以及素混凝土(PC)的动态劈拉力学性能进行对比研究,包括动态劈拉强度、动态劈拉耗散能和动态劈拉破坏形态。

5.3.5.1　动态劈拉强度对比

图 5.39 表示了 SFRC 1.0%,BFRC 0.2%,CFRC 0.1%和 PC 的动态劈拉强度的对比情况。由图 5.39 可见,不同加载速率下,强度由高到低的材料依次是 SFRC 1.0%,BFRC 0.2%,CFRC 0.1%和 PC。说明钢纤维、玄武岩纤维和碳纤维 3 种纤维都对 PC 的动态劈拉强度具有增强作用,增幅最大的是 SFRC,其次是 BFRC,最后是 CFRC。

图 5.40 表示了 SFRC 1.0%,BFRC 0.2%,CFRC 0.1%和 PC 的动态劈拉强度增长因子的对比情况。由图 5.40 可见,不同加载速率下,强度增长因子相对较高的是 SFRC 1.0%和 PC,二者基本相当,其次是 CFRC 0.1%和 BFRC 0.2%。说明玄武岩纤维和碳纤维对 PC 的强度增长因子没有增强作用,钢纤维的增强作用不明显。

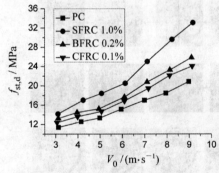
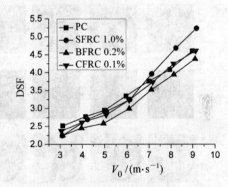

图 5.39　FRC 的动态劈拉强度的对比曲线　　图 5.40　FRC 的动态劈拉强度增长因子的
对比曲线

5.3.5.2　动态劈拉韧性对比

图 5.41 表示了 SFRC 1.0%,BFRC 0.2%,CFRC 0.1%和 PC 的动态劈拉耗散能的对比情况。由图 5.41 可见,不同加载速率下,耗散能由高到低的材料依次是 SFRC 1.0%,BFRC 0.2%,CFRC 0.1%和 PC。说明钢纤维、玄武岩纤维和碳纤维 3 种纤维都对 PC 的动态劈拉韧性具有增强作用,增幅最高的是 SFRC,其次是 BFRC,最后是 CFRC。

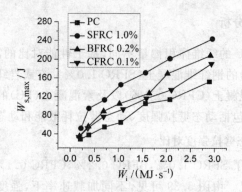

图 5.41　FRC 的动态劈拉耗散能的对比曲线

5.3.5.3　动态劈拉破坏形态对比

图 5.42 表示了 SFRC 1.0％,BFRC 0.2％,CFRC 0.1％和 PC 的动态劈拉破坏形态的对比情况,图中箭头含义同 5.3.2.3 节。

由图 5.42 可见,SFRC 1.0％,BFRC 0.2％,CFRC 0.1％和 PC 具有相似的破坏形态:通常沿径向中线从中间裂为两半,均为中心开裂破坏,拉伸破坏是其主要破坏方式,加载速率越高,则破坏相对越严重。

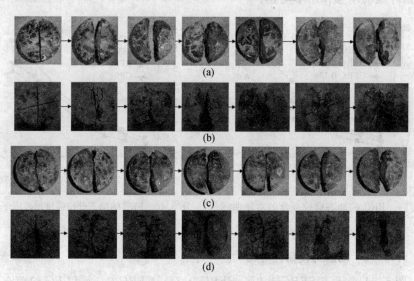

图 5.42　不同试件动态劈拉破坏形态的对比
(a)PC;　(b)SFRC 1.0％;　(c)BFRC 0.2％;　(d)CFRC 0.1％

值得注意的是,BFRC 0.2％,CFRC 0.1％和 PC 在不同加载速率下绝大部分完全裂开,成为两半,但 SFRC 1.0％在较低加载速率下只是从中间开裂,出现裂缝,裂而不散,在较高加载速率下虽然裂开为两半,但仍能通过钢纤维连在一起。SFRC 与其他试件破坏形态的不同从侧面反映了钢纤维在改善材料开裂特性时所具有的独特优势,说明钢纤维更有利于提高混凝土的韧性,这与前文得到的试验结果(SFRC 的动态劈拉强度和动态劈拉耗散能在几种 FRC 中相对最高)基本一致。

综合以上对素混凝土(PC)、钢纤维混凝土(SFRC)、玄武岩纤维混凝土(BFRC)和碳纤维混凝土(CFRC)试件的动态劈拉强度、动态劈拉耗散能以及破坏形态的分析,FRC 的动态劈拉性能对比结果可概括如下:钢纤维、玄武岩纤维和碳纤维 3 种纤维都对 PC 的动态劈拉强度和动态劈拉耗散能具有增强作用,增幅最高的是 SFRC,其次是 BFRC,最后是 CFRC;FRC 具有相似的破坏形态,通常沿径向中线从中间裂为两半,均为中心开裂破坏,拉伸破坏是其主要破坏方式;加载速率越高,则破坏相对越严重,钢纤维对动态劈拉条件下 PC 开裂特性的改善作用十分明显。

5.4　纤维混凝土动态劈拉力学性能的变化机理分析

纤维混凝土(FRC)的动态劈拉试验结果显示,FRC 普遍存在加载速率强化效应和入射波能量变化率强化效应,事实上这两种效应都属于混凝土材料的"率"硬化效应,混凝土材料动态劈拉性能的这种"率"硬化现象与混凝土材料动态压缩力学性能的"率"硬化有一定的相似之处。因为混凝土材料内部存在大量的微空隙、界面微裂纹等内部缺陷,所以对混凝土材料动态劈拉的"率"硬化机理目前主要存在以下几种解释。

1. 自由水的黏性效应

这种解释主要来自于湿混凝土的强度增长因子要高于干混凝土的试验数据。有学者对干、湿两种混凝土试样都进行了受拉试验,试验结果表明在相同的应变率条件下,湿混凝土的强度增加值显著高于干混凝土,因而认为混凝土中自由水的存在是引起混凝土动态抗拉强度增加的主要原因。所谓黏性效应,其物理模型可简化为:当一层薄膜黏性液体被包夹在两块相对运动的平板之间时,薄膜对平板所施加的反作用力正比于平板的分离速度。这一物理模型可表示为

$$F = \frac{3\eta V^2}{2\pi h^5} v \tag{5.11}$$

式中　F——作用力;

　　　η——黏性系数;

　　　h——平板间的距离;

v —— 平板分离速度；

V —— 黏性液体体积。

当应变率响应低于 $1\ \mathrm{s^{-1}}$ 时，主导材料动态力学特性的物理机制就是这种黏性机制，其抵制微裂纹的局部化（导致混凝土材料抗拉强度的增强）和宏观裂纹的扩展（导致混凝土试样的破裂）。在动荷载下，湿混凝土中的自由水引起的黏滞力随加载速率的增大而增加，阻碍了混凝土中裂纹的开裂，使得混凝土的宏观等效断裂韧度和动力强度增加。

2. 裂纹扩展的惯性效应

这种解释认为在高应变率下混凝土裂纹未及时扩展，导致材料损伤演化的滞后，在力学行为上表现出黏性机制。单轴（拉或压）荷载作用下，混凝土材料裂纹演化过程包括 3 个阶段：①微裂纹弥散阶段，在低强度荷载作用下材料内部初始的微裂纹逐渐开裂扩展，同时又不断地生成新的微裂纹；②微裂纹局部化阶段，随着微裂纹开裂扩展到一定程度，它们相互交叉连接形成了一个或多个宏观裂纹，此时在混凝土试样某一区域内裂纹局部化现象发生；③宏观裂纹开裂阶段，随着裂纹局部化区的不断扩展，导致了试样的最终破坏。有人认为，当加载速率很快的时候，由于惯性效应的影响，峰值荷载将滞后于微裂纹的局部化，由此可导致抗拉强度的显著增强。有学者采用 SHPB 技术对冲击拉伸作用下混凝土试样进行局部分析后，利用裂纹扩展的现象来解释抗拉强度的相对增强。即认为：在准静态情况下，裂纹沿着最弱的骨料-水泥砂浆界面扩展；而在动态冲击情况下，裂纹则可以穿过骨料颗粒来扩展，且不止只有一条裂纹出现，而是会同时激活多条裂纹，从而使抗拉强度提高。

3. 自由水和裂纹扩展惯性效应的共同作用

当应变率响应大于或等于 $10\ \mathrm{s^{-1}}$ 时，惯性效应占绝对主导地位，其作用依然是限制微裂纹的局部化和宏观裂纹的开裂扩展。显而易见，惯性效应和黏性效应分别在材料的不同应变率响应范围内起着同样的作用。有研究结果表明，混凝土中自由水是导致混凝土产生应变速率敏感性的重要原因。惯性的作用在应变速率较高时可能会有一定影响，但是对较低速率，惯性的影响作用可能并不明显。

有学者认为，在一定湿度条件下，混凝土中自由水的存在使水泥石中的凝胶体颗粒之间的范德华力减弱，致使混凝土宏观的强度有所降低，在较高应变速率下，混凝土中所含的水分表现出黏性，这种黏性的作用机理类似于黏性效应。随着应变速率的提高，黏性力越来越大，整个混凝土试样的强度得到提高，含水量越高，这种黏滞性越明显，在宏观上表现为强度提高幅度增大。同时，混凝土内部微裂缝发展过程的变化对混凝土的强度也有重要影响。有试验表明，随着应变速率的变化，裂缝扩展速度也会有很大提高，在较高的应变速率下,混凝土裂缝的发展来不及通过混凝土内部薄弱的断面而是直接穿过强度较高的区域(如骨料),这也是导致强度提高的一个重要原因。

5.5　小　　结

本章采用 $\varPhi$100 mm SHPB 装置分别对素混凝土(PC)、钢纤维混凝土(SFRC,纤维体积掺量分别为 0.4%,0.7% 和 1.0%)、玄武岩纤维混凝土(BFRC,纤维体积掺量分别为 0.1%,0.2% 和 0.3%)和碳纤维混凝土(CFRC,纤维体积掺量分别为 0.1%,0.2% 和 0.3%)的平台巴西圆盘试件进行了冲击劈拉试验,对比研究了 3 种纤维混凝土的动态劈拉力学性能,讨论分析了纤维混凝土动态劈拉强度和动态劈拉韧性的变化规律,对纤维混凝土动态劈拉的破坏形态进行了分析和对比,并对纤维混凝土动态劈拉力学性能的变化机理进行了分析,得到以下结论:

(1)FRC 的动态劈拉力学性能具有显著的率效应,动态劈拉强度和动态劈拉韧性分别具有显著的加载速率和入射波能量变化率强化效应。

(2)纤维体积掺量对 FRC 的动态劈拉强度和动态劈拉韧性具有显著影响,在本书试验的掺量范围内,钢纤维相对较优的体积掺量为 1.0%,玄武岩纤维相对较优的体积掺量为 0.2%,碳纤维相对较优的体积掺量为 0.1%。

(3)钢纤维、玄武岩纤维和碳纤维 3 种纤维都对 PC 的动态劈拉强度和动态劈拉韧性具有增强作用,增幅最大的是 SFRC,其次是 BFRC,最后是CFRC。

(4)FRC 具有相似的破坏形态,通常沿径向中线从中间裂开,均为中心开裂破坏,拉伸破坏是其主要破坏方式。加载速率越高,则破坏相对越严重,钢纤维对动态劈拉条件下 PC 开裂特性的改善作用十分明显。

第6章 高温下纤维混凝土的动态抗压力学特性

6.1 引 言

混凝土材料的静态抗压强度是其力学性能中最基本、最重要的一项,常常作为基本参量确定混凝土的强度等级和质量标准,并确定其他力学性能指标,如抗拉强度、弹性模量、峰值应变等的数值。同样,高温下纤维混凝土材料的动态压缩力学性能也是其高温动态力学性能中最重要的一项,纤维混凝土在不同温度下的动态压缩强度和应力-应变关系是研究纤维混凝土构件和结构高温动力响应的重要基础。

本章利用第2章提出的由自主研制的温控系统和Φ100 mm SHPB装置组装的高温SHPB试验系统,采用经过论证的试验技术,分别对素混凝土(PC)、钢纤维混凝土(SFRC,纤维体积掺量为0.4%,0.7%和1.0%)、玄武岩纤维混凝土(BFRC,纤维体积掺量为0.1%,0.2%和0.3%)和碳纤维混凝土(CFRC,纤维体积掺量为0.1%,0.2%和0.3%)的高温动态压缩力学性能展开研究,试验温度分别为常温(20 ℃),200 ℃,400 ℃,600 ℃和800 ℃,加载速率分别为6.5 m/s,7.5 m/s,8.5 m/s,9.5 m/s和10.5 m/s。试验得到不同温度和加载速率下材料的高温动态应力-应变曲线,分别从动态抗压强度、动态压缩变形、动态压缩韧性和破坏形态4个方面对PC,SFRC,BFRC和CFRC的高温动态力学性能的变化规律及其影响因素进行深入分析和研究,并对FRC高温动态力学性能的变化机理进行详细论述。

为进一步比较不同纤维混凝土高温动态压缩力学性能的区别,本章重点对素混凝土(PC)、钢纤维混凝土(SFRC)、玄武岩纤维混凝土(BFRC)和碳纤维混凝土(CFRC)的高温动态力学性能展开对比研究,目的在于掌握PC,SFRC,BFRC和CFRC力学性能的异同与优劣,为纤维混凝土(FRC)的工程应用提供参考。

鉴于钢纤维、玄武岩纤维和碳纤维体积掺量之间的区别,立足于性能对比需要,本章通过将相对较佳纤维体积掺量的3种FRC(即SFRC 1.0%,BFRC 0.2%和CFRC 0.1%)和PC进行对比来研究它们之间力学性能的区别,从动态抗压强度、动态压缩变形、动态压缩韧性和破坏形态4个方面进行了对比研究,利用纤维增强理论对结果进行了机理分析,并对材料的性价比进行了对比分析,以期从经济角度为材料选用提供指导。

6.2　试验方法和试验结果

6.2.1　试验装置

采用第 2 章提出的由常规 Φ100 mm SHPB 装置和自主研制的温控系统组成的高温 SHPB 试验装置进行高温冲击压缩试验。图 6.1 和图 6.2 分别为试验用到的箱式预热炉和高温 SHPB 试验装置。试件制备及加工方法与常温试验相同。

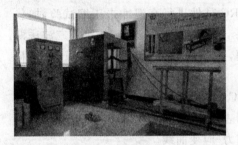

图 6.1　箱式预热炉　　　　　　　图 6.2　高温 SHPB 试验装置

6.2.2　加热制度和试验方案

FRC 试件加热制度:加热速率为 10 ℃/min,短圆柱体试件在预热炉内加热至预定试验温度,并恒温 4 h 后用特制的夹具将试件取出,置于管式试验炉内,经过温度调节后即可进行高温冲击试验。

试验温度分别选为常温(20 ℃),200 ℃,400 ℃,600 ℃和 800 ℃,子弹加载速率分别为 6.5 m/s,7.5 m/s,8.5 m/s,9.5 m/s 和 10.5 m/s。对应每种温度、加载速率和每种试件,进行三次重复冲击试验,最后对三组重复试验数据求均值,作为该种试件在该种工况下试验数据的代表值。

采用预热炉和试验炉两套加热设备方案,与只采用一个高温炉直接对试件进行升温、恒温和加载试验的方案相比,具有明显的技术优点。由于预热炉的炉腔容积大,可同时放置用于试验的同组试件 10~20 个,同时进行加热和恒温处理,然后将试件逐个取出并移入试验炉,准确地调整和控制温度后进行加载试验,因而试件内部的温度均匀,试验温度控制准确,同组试件的试验结果重复性好,试验效率高。图 6.3 和图 6.4 分别表示了利用预热炉对试件进行热处理和利用管式试验炉对试件进行温度调节。

图 6.3　试件热处理　　　　　　图 6.4　试件温度调节

6.2.3　应力-应变曲线及其特征

对所有的 PC,SFRC,BFRC 和 CFRC 试件进行高温冲击压缩试验,加载速率分别为 6.5 m/s,7.5 m/s,8.5 m/s,9.5 m/s 和 10.5 m/s,采用三波法即式(3.1)对采集到的波形进行数据处理,可得到不同温度下 PC 和 FRC 材料的动态应力-应变曲线。

限于篇幅,此处仅列举出 PC,SFRC 1.0%,BFRC 0.2% 和 CFRC 0.1% 的应力-应变曲线,图 6.5~图 6.8 分别表示了 PC,SFRC 1.0%,BFRC 0.2% 和 CFRC 0.1% 在不同温度下的动态应力-应变曲线。

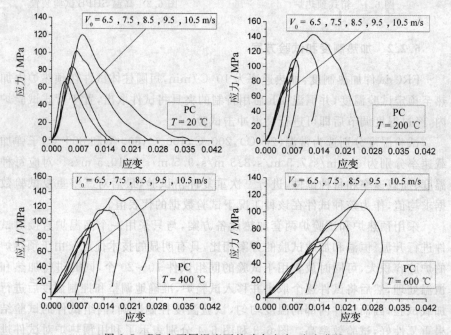

图 6.5　PC 在不同温度下的动态应力-应变曲线

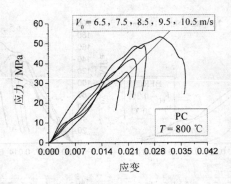

续图 6.5　PC 在不同温度下的动态应力-应变曲线

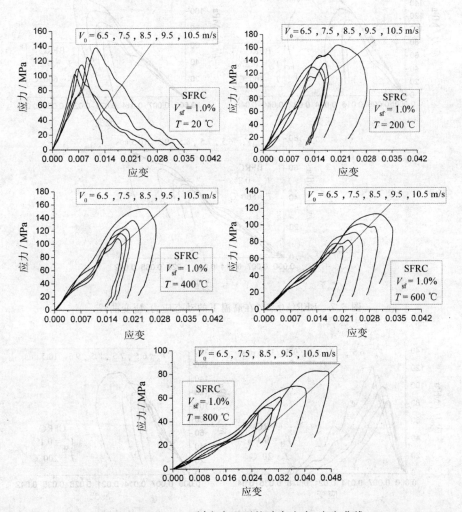

图 6.6　SFRC 1.0%在高温下的动态应力-应变曲线

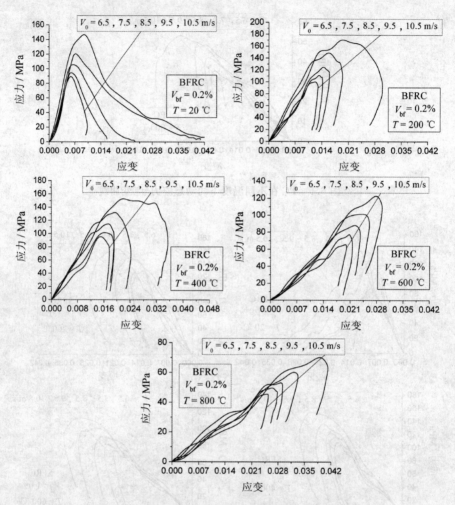

图 6.7 BFRC 0.2%在高温下的动态应力-应变曲线

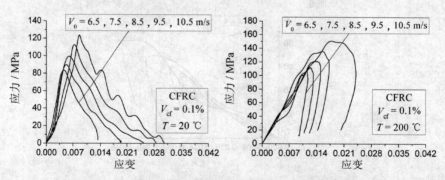

图 6.8 CFRC 0.1%在高温下的动态应力-应变曲线

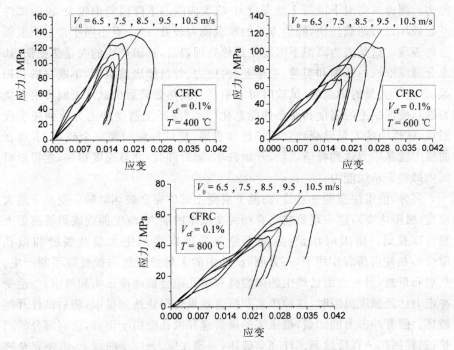

续图 6.8　CFRC 0.1％在高温下的动态应力-应变曲线

应力-应变曲线是材料性能和指标的综合性反应,曲线的几何形状和特征点能反映材料受力过程中的强度、变形、裂缝发展、损伤积累和破坏等全过程各阶段的特性,因此有必要首先对材料的动态应力-应变曲线进行特征分析。

观察试验得到的 PC 和 FRC 材料在不同温度下的动态应力-应变曲线可知:

(1)PC 和 FRC 的动态应力-应变曲线几何形状相似。

(2)高温下材料的动态应力-应变曲线与常温有所不同,常温下曲线下降段的斜率较小,曲线下降较为平缓,但高温下曲线下降段的斜率较大,曲线下降较快。

(3)高温下材料的动态应力-应变曲线的几何形状相似,动态力学特性体现出显著的温度效应和加载速率效应。

(4)随温度的逐渐增大,动态应力-应变曲线在较快的初始上升段之后,应力上升的速度明显减慢,上升段曲线逐渐变得平缓,说明随温度的逐渐增大,曲线上升段逐渐表现出塑性特性;温度和加载速率越大,则曲线上升段的塑性特性越明显,当温度到达 800 ℃时,较高加载速率下曲线的上升段比较平缓,存在较为明显的塑性阶段。

应力-应变曲线的下降段能反映材料的残余强度和峰值点后的塑性变形

能力。测得的高温下混凝土动态应力-应变曲线的下降段斜率较大,说明试件开始破坏以后卸载较快,峰值点后的承载能力较差,这一点不同于常温下混凝土的表现。这是因为高温下混凝土经热处理以后,高温产生的大量热损伤(如水分蒸发形成的孔隙和裂缝、变形差、内应力、骨料膨胀破裂等)不断发展和积累,产生了大量的微裂缝(试验时可以明显看到热处理后的试件表面有很多微裂缝),使混凝土的强度和变形性能恶化[120]。混凝土遭受冲击力达到强度极限后,试件中的大量微裂缝立即扩展和贯通,使试件瞬时便完全破坏,表现在曲线上就是应力达到峰值以后,开始破坏,同时卸载,卸载速度很快,在很短时间内即丧失承载能力。

另外,值得注意的一点是:高温下混凝土试件完全破坏时的应变小于最大应变(极限应变),这一现象在已有相关文献中的应力-应变曲线或原始波形上也可以看到。原因应该是:混凝土经热处理以后产生大量微裂缝和微孔隙[120],在冲击荷载作用下,一方面,试件中的大量微裂缝和微孔隙不断产生、扩展和贯通;另一方面已产生的微裂缝和微孔隙会被逐渐压实和挤密,当遭受冲击力达到强度极限时,这种压实和挤密效果也很快到极限,随后试件开始破坏。随着冲击力的卸载,被压实的微裂缝和微孔隙由于惯性,会有部分的回扩,这种回扩一直持续到试件完全破坏,表现在应力-应变曲线上,就使完全破坏时的应变小于最大应变。

6.2.4 试验数据

限于篇幅,此处仅列举了 PC,SFRC 1.0%,BFRC 0.2% 和 CFRC 0.1% 的高温动态压缩试验的基本数据,见表 6.1~表 6.4。

表 6.1 PC 的高温动态压缩试验数据

$T/℃$	$\dfrac{V_0}{m\cdot s^{-1}}$	$\dfrac{f_{cd}}{MPa}$	DCF	ε_p	ε_{max}	$\dfrac{IT}{kJ\cdot m^{-3}}$	$\dfrac{IDE}{kJ\cdot m^{-3}}$
常温(20)	6.5	66.76	1.11	0.003 46	0.009 02	321.49	552.03
	7.5	72.19	1.20	0.004 38	0.015 27	470.23	663.68
	8.5	83.56	1.38	0.005 39	0.016 43	605.97	900.03
	9.5	101.85	1.69	0.006 45	0.027 17	1 125.04	1 296.38
	10.5	120.13	1.99	0.007 95	0.037 19	1 431.93	1 670.85

续 表

$T/\ ℃$	$\dfrac{V_0}{\mathrm{m \cdot s^{-1}}}$	$\dfrac{f_{cd}}{\mathrm{MPa}}$	DCF	ε_p	ε_{max}	$\dfrac{\mathrm{IT}}{\mathrm{kJ \cdot m^{-3}}}$	$\dfrac{\mathrm{IDE}}{\mathrm{kJ \cdot m^{-3}}}$
	6.5	86.48	1.43	0.005 61	0.005 66	143.41	267.85
	7.5	97.92	1.62	0.006 61	0.006 87	222.56	384.70
200	8.5	108.67	1.80	0.007 88	0.008 58	438.07	628.09
	9.5	124.22	2.06	0.009 69	0.013 86	1 060.27	1 278.49
	10.5	143.02	2.37	0.012 33	0.024 93	1 944.16	1 953.01
	6.5	73.37	1.21	0.008 23	0.008 71	272.24	340.78
	7.5	83.72	1.39	0.009 85	0.010 11	352.89	519.81
400	8.5	97.35	1.61	0.011 85	0.013 07	640.17	868.40
	9.5	115.62	1.91	0.014 03	0.018 11	1 313.75	1 485.39
	10.5	134.87	2.23	0.016 65	0.025 67	1 881.71	2 068.99
	6.5	52.64	0.87	0.011 69	0.012 12	341.68	650.20
	7.5	61.83	1.02	0.014 22	0.014 4	452.37	683.20
600	8.5	71.42	1.18	0.016 34	0.018 72	746.52	988.61
	9.5	88.21	1.46	0.019 9	0.021 69	1 464.09	1 597.08
	10.5	107.12	1.77	0.023 25	0.030 46	1 928.60	2 326.00
	6.5	31.31	0.52	0.017 84	0.018 74	288.86	402.89
	7.5	35.61	0.59	0.020 59	0.021 5	411.77	465.00
800	8.5	42.23	0.70	0.022 32	0.023 22	461.81	512.76
	9.5	48.88	0.81	0.025 37	0.025 91	681.94	785.66
	10.5	53.20	0.88	0.029 61	0.036 17	1 128.65	1 203.16

表 6.2　SFRC 1.0%的高温动态压缩试验数据

$T/$ ℃	$\dfrac{V_0}{\text{m} \cdot \text{s}^{-1}}$	$\dfrac{f_{cd}}{\text{MPa}}$	DCF	ε_p	ε_{max}	$\dfrac{\text{IT}}{\text{kJ} \cdot \text{m}^{-3}}$	$\dfrac{\text{IDE}}{\text{kJ} \cdot \text{m}^{-3}}$
常温 (20)	6.5	102.22	1.47	0.006 06	0.013 39	719.24	1 048.45
	7.5	109.30	1.57	0.006 74	0.024 24	1 078.48	1 230.04
	8.5	114.86	1.66	0.007 92	0.027 14	1 237.74	1 313.97
	9.5	125.33	1.81	0.009 41	0.033 64	1 563.92	1 537.85
	10.5	137.76	1.98	0.011 69	0.034 93	2 143.19	1 800.34
200	6.5	121.86	1.76	0.015 3	0.016 6	742.57	966.21
	7.5	126.70	1.83	0.015 82	0.016 95	922.31	1 082.03
	8.5	135.42	1.95	0.016 76	0.017 85	1 260.94	1 495.87
	9.5	148.94	2.15	0.017 79	0.021 1	1 812.77	1 916.35
	10.5	163.39	2.35	0.020 37	0.028 23	2 679.57	2 816.32
400	6.5	108.43	1.56	0.016 96	0.017 92	774.53	884.43
	7.5	116.02	1.67	0.017 74	0.019 18	979.78	1 080.73
	8.5	122.86	1.77	0.018 9	0.020 14	1 081.43	1 363.29
	9.5	136.13	1.96	0.020 9	0.022 92	1 581.96	1 634.60
	10.5	153.91	2.22	0.024 11	0.027 13	2 336.84	2 445.06
600	6.5	74.29	1.07	0.020 75	0.020 95	673.20	882.24
	7.5	81.57	1.18	0.022 23	0.023 44	905.27	1 067.34
	8.5	90.85	1.31	0.023 96	0.026 19	1 238.97	1 318.65
	9.5	100.96	1.45	0.025 8	0.030 35	1 683.96	1 811.90
	10.5	113.15	1.63	0.030 02	0.034 24	2 055.36	2 104.69
800	6.5	47.61	0.69	0.025 94	0.025 99	420.45	686.34
	7.5	51.86	0.75	0.028 4	0.030 44	576.25	771.21
	8.5	60.56	0.87	0.032 5	0.032 98	766.66	934.10
	9.5	69.80	1.01	0.037 48	0.040 5	1 373.63	1 431.31
	10.5	82.47	1.19	0.043 51	0.047 43	1 670.20	1 749.99

表 6.3　BFRC 0.2%的高温动态压缩试验数据

$T/$℃	$\dfrac{V_0}{\text{m}\cdot\text{s}^{-1}}$	$\dfrac{f_{cd}}{\text{MPa}}$	DCF	ε_p	ε_{max}	$\dfrac{\text{IT}}{\text{kJ}\cdot\text{m}^{-3}}$	$\dfrac{\text{IDE}}{\text{kJ}\cdot\text{m}^{-3}}$
常温 (20)	6.5	89.50	1.16	0.005 95	0.010 27	517.31	476.59
	7.5	94.88	1.23	0.006 01	0.015 68	713.06	721.21
	8.5	105.67	1.37	0.006 52	0.023 29	1 077.39	1 055.38
	9.5	120.58	1.57	0.007 17	0.040 93	1 942.45	2 030.02
	10.5	146.71	1.91	0.009 41	0.046 29	2 488.77	2 588.45
200	6.5	99.99	1.30	0.012 23	0.013 03	609.40	753.98
	7.5	111.28	1.45	0.013 28	0.014 19	770.41	918.49
	8.5	124.93	1.62	0.014 4	0.016 02	949.10	1 121.64
	9.5	148.72	1.93	0.015 82	0.019 45	1 742.48	1 877.62
	10.5	170.65	2.22	0.019 5	0.029 98	3 340.00	3 488.71
400	6.5	95.36	1.24	0.014 95	0.017 69	843.90	998.82
	7.5	101.51	1.32	0.016 25	0.019 12	1 109.34	1 178.52
	8.5	114.69	1.49	0.017 34	0.019 16	1 281.18	1 409.86
	9.5	132.16	1.72	0.019 42	0.024 24	2 010.86	2 275.30
	10.5	152.86	1.99	0.022 03	0.035 49	3 621.84	3 763.50
600	6.5	65.55	0.85	0.019 76	0.020 09	591.80	671.79
	7.5	77.33	1.00	0.020 75	0.021 6	744.77	833.34
	8.5	88.05	1.14	0.022 23	0.023 69	1 100.80	1 198.05
	9.5	101.50	1.32	0.024 18	0.026 09	1 364.41	1 411.83
	10.5	122.71	1.59	0.027 84	0.029 46	1 676.34	1 724.31
800	6.5	45.56	0.59	0.025 14	0.025 37	488.11	612.69
	7.5	49.60	0.64	0.026 35	0.027 85	723.93	791.15
	8.5	53.11	0.69	0.028 74	0.029 19	747.04	825.85
	9.5	60.21	0.78	0.032 18	0.033 26	890.86	996.46
	10.5	70.17	0.91	0.038 96	0.041 11	1 432.89	1 450.04

纤维混凝土的动力特性

表 6.4 CFRC 0.1%的高温动态压缩试验数据

$T/\ ℃$	$\dfrac{V_0}{\text{m}\cdot\text{s}^{-1}}$	$\dfrac{f_{cd}}{\text{MPa}}$	DCF	ε_p	$\varepsilon_{\max}$	$\dfrac{\text{IT}}{\text{kJ}\cdot\text{m}^{-3}}$	$\dfrac{\text{IDE}}{\text{kJ}\cdot\text{m}^{-3}}$
常温 (20)	6.5	83.40	1.15	0.004 67	0.013 32	589.92	674.71
	7.5	89.80	1.24	0.005 25	0.019 52	786.63	858.31
	8.5	99.44	1.37	0.006	0.025 36	1 012.18	1 109.62
	9.5	112.51	1.55	0.007 35	0.028 61	1 236.61	1 421.13
	10.5	123.64	1.70	0.008 58	0.030 68	1 519.47	1 809.38
200	6.5	106.95	1.47	0.011 48	0.011 78	472.91	547.24
	7.5	111.63	1.54	0.012 3	0.013 12	696.62	843.43
	8.5	120.69	1.66	0.013 64	0.014 95	880.27	1 038.62
	9.5	135.60	1.87	0.015 4	0.017 18	1 268.18	1 397.40
	10.5	150.60	2.07	0.017 74	0.024 02	2 119.26	2 180.48
400	6.5	95.63	1.32	0.014 94	0.015 68	593.12	639.60
	7.5	101.96	1.40	0.015 55	0.016 06	674.11	741.10
	8.5	112.41	1.55	0.016 38	0.017 26	845.27	925.23
	9.5	125.41	1.73	0.017 96	0.019 26	1 382.24	1 430.98
	10.5	136.79	1.88	0.020 28	0.026 07	2 215.79	2 246.56
600	6.5	57.20	1.00	0.017 68	0.018 64	449.49	517.36
	7.5	62.05	1.08	0.018 23	0.018 42	495.86	737.33
	8.5	67.57	1.18	0.019 17	0.020 61	674.29	950.54
	9.5	76.11	1.33	0.020 36	0.022 31	907.46	1 276.87
	10.5	86.82	1.51	0.022 98	0.024 64	1 127.81	1 527.78
800	6.5	36.15	0.63	0.022 08	0.022 76	359.51	439.16
	7.5	40.06	0.70	0.024 09	0.024 49	409.42	544.85
	8.5	44.52	0.78	0.026 75	0.027 83	615.81	680.55
	9.5	49.79	0.87	0.030 42	0.031 29	695.53	863.69
	10.5	55.78	0.97	0.033 8	0.035 15	1 002.14	1 112.10

表 6.1～表 6.4 中，T 为试验温度；V_0 为加载速率；动态抗压强度 f_{cd} 为试件达到的峰值应力，是反映材料强度的指标；峰值应变 ε_p 为试件达到峰值应

力时对应的应变,极限应变 ε_{max} 为试件达到的最大应变,ε_p 和 ε_{max} 是反映材料变形性能的指标;动态压缩强度增长因子 DCF 为试件动态抗压强度和静态抗压强度的比值,是反映冲击荷载下材料抗压强度增幅的指标,用公式表示为

$$DCF = f_{cd}/f_{cs} \tag{6.1}$$

式中　f_{cd}—— 材料的动态抗压强度;

　　　f_{cs}—— 材料的静态抗压强度。

FRC 材料的韧性是反映材料在变形过程中吸收能量能力的重要性能,有助于全面了解材料的力学性能,分别以冲击韧度和冲击耗散能作为评价材料韧性的两个指标。

(1)冲击韧度 IT。冲击韧度通过对应力-应变曲线进行积分求曲线下的面积得到,表征了材料从加载到彻底破坏为止吸收能量的能力,代表单位体积的材料在变形过程中吸收能量的大小。

(2)冲击耗散能 IDE。冲击耗散能通过计算单位体积的材料耗散应力波能量的大小得到,代表单位体积的材料耗散应力波能量的大小,用公式可表示为

$$IDE = \frac{AEc}{A_s l_s}\int_0^T [\varepsilon_i^2(t) - \varepsilon_r^2(t) - \varepsilon_t^2(t)]dt \tag{6.2}$$

式中　$\varepsilon_i,\varepsilon_r$ 和 ε_t—— 分别为杆中的入射、反射和透射应变;

　　　A,A_s—— 分别为杆、试件的横截面积;

　　　E—— 杆的弹性模量;

　　　c—— 杆中波速;

　　　l_s—— 试件的初始厚度;

　　　T—— 试件完全破坏时刻。

6.3　高温下纤维混凝土动态抗压力学特性的讨论和分析

大量试验和研究表明:混凝土材料是加载速率敏感材料,受加载速率的影响,其强度、极限应变、弹性模量、韧性等力学性质表现出率效应,在地震、撞击、冲击、爆炸等不同性质动荷载作用下,混凝土会表现出不同的特性。

通常所说的混凝土材料的应变率效应一般都是针对常温情况而言的,本质上是指材料的加载速率效应,因为常温下加载速率是影响应变率的主要因素,加载速率是"外因",应变率是"内果",加载速率快,则应变率高,此时材料的应变率效应和加载速率效应是一致的,可以用应变率效应来表征加载速率效应。

在常温条件下,通过在试验中控制加载速率即可控制材料的应变率,但是

在高温条件下,试验温度对材料的应变率具有显著影响,是应变率的影响因素之一。加载速率和试验温度共同影响应变率,必须通过调节加载速率和试验温度来调节试件的应变率。理论上,同一撞击速度和试验温度下,同种试件的应变率应相同。

高温下材料的动态力学性能问题其实是材料的温度效应和加载速率效应的耦合问题,此时的应变率会受加载速率和温度的共同影响,且此时的应变率效应其实是加载速率和温度共同作用的结果。因此,此时不能用应变率效应来表征材料的加载速率效应,而且由于温度会影响材料受力过程中的应变率,直接对温度和应变率效应进行分析,不仅缺乏科学意义,还难以得到统一的耦合效应方程。合理的分析角度应该是对材料的温度效应和加载速率效应进行分析。

加载速率和温度都属于材料受力过程中的外在因素,加载速率效应和温度效应相互独立,对加载速率和温度的耦合效应进行分析,既能兼顾材料的温度效应和加载速率效应,又便于得到包含温度和加载速度两个独立变量的统一的耦合效应方程。

在下文的讨论分析中,分别对 PC,SFRC,BFRC 和 CFRC 的高温动态力学性能的加载速率效应和温度效应进行研究,包括动态抗压强度、动态压缩变形、动态压缩韧性和破坏形态,并对纤维体积掺量的影响进行研究。

6.3.1　高温下素混凝土(PC)的动态压缩力学性能

6.3.1.1　素混凝土(PC)的动态压缩强度

1.加载速率效应

高温下 PC 的动态抗压强度随加载速率的变化情况如图 6.9 所示,图中虚线表示 PC 的静态抗压强度 f_{cs}。由图6.9可见:同一温度下,PC 的动态抗压强度随加载速率的增大而不断提高,加载速率越大,则相应强度越大,表现出显著的加载速率强化效应。

2.温度效应

高温下 PC 的动态抗压强度随温度的变化情况如图 6.10 所示。由图 6.10可见:同一加载速率下,随着试验温度从常温逐渐升高到 800 ℃,动态抗压强度表现出先增大后减小的变化趋势。从常温到 200 ℃范围内,动态抗压强度逐渐升高;200 ℃以后,强度逐渐下降;400 ℃以后,开始低于常温下的动态抗压强度,并迅速减小;600 ℃以后开始低于常温下的静态抗压强度;到 800 ℃时强度变得很小,最小约为静态抗压强度的 50%。总体上,200 ℃以前,以温度强化效应为主,200 ℃以后则以温度弱化效应为主。

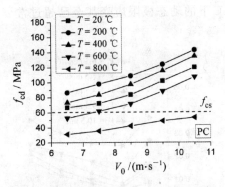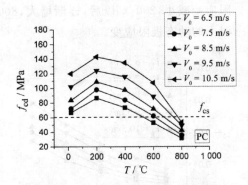

图 6.9　加载速率对 PC 动态抗压强度的影响　　图 6.10　温度对 PC 动态抗压强度的影响

6.3.1.2　素混凝土(PC)的动态压缩变形

1. 动态峰值应变和极限应变的加载速率效应

同一温度下,PC 的动态峰值应变和动态极限应变随加载速率的变化情况,如图6.11和图6.12所示。由图 6.11 和图 6.12 可见:同一温度下,PC 的动态峰值应变和动态极限应变均随加载速率的提高而不断增大,加载速率越大,则动态峰值应变和动态极限应变越大,均表现出显著的加载速率强化效应。

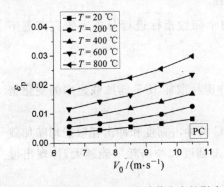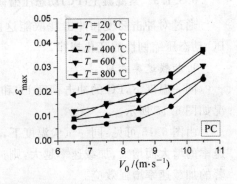

图 6.11　加载速率对 PC 动态峰值应变的影响　　图 6.12　加载速率对 PC 动态极限应变的影响

2. 动态峰值应变和动态极限应变的温度效应

同一加载速率下,PC 的动态峰值应变和动态极限应变随温度的变化情况如图6.13和图6.14所示。

由图 6.13 和图 6.14 可见:同一加载速率下,随着试验温度从常温逐渐升高到 800 ℃,PC 的动态峰值应变表现出逐渐增大的变化趋势,温度越高,动态峰值应变越大;同一加载速率下,随着试验温度从常温逐渐升高到 800 ℃,动态极限应变表现出先降低后增加的变化趋势,从常温到 200 ℃范围内,动态极限应变减小,200 ℃以后,逐渐增大,800 ℃下的动态极限应变甚至已超过常温下的动态极限应变。

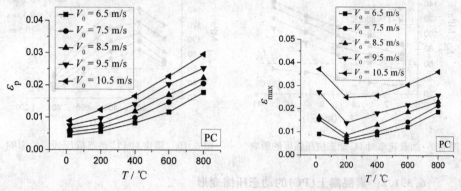

图 6.13　试验温度对 PC 动态峰值应变的影响　　图 6.14　试验温度对 PC 动态极限应变的影响

从图 6.14 中还可以发现:较低温度下,PC 承载产生的动态极限应变小于常温,而较高温度下,PC 承载产生的动态极限应变大于常温。说明在较低温度下,PC 的整体变形能力和常温相比有所降低;较高温度下,PC 的整体变形能力又会提高,甚至超过常温情况。

6.3.1.3　素混凝土(PC)动态压缩韧性

通过对冲击韧度和冲击耗散能这两个韧性指标进行分析来研究高温下 PC 动态压缩韧性的变化规律。

1.加载速率效应

同一温度下,PC 的冲击韧度 IT 和冲击耗散能 IDE 随加载速率的变化情况如图 6.15 所示。

由图 6.15 可见:同一试验温度下,PC 的冲击韧度和冲击耗散能均随加载速率的增大而增大,加载速率越大,则冲击韧度和冲击耗散能越大,体现出显著的加载速率增强效应。

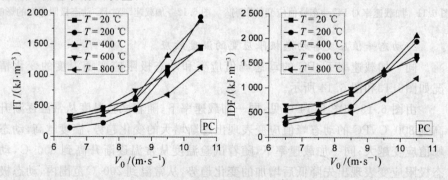

图 6.15　PC 的冲击韧度和冲击耗散能随加载速率的变化曲线

2.温度效应

图 6.16 表示了同一加载速率下,PC 的冲击韧度和冲击耗散能随温度的变化情况。

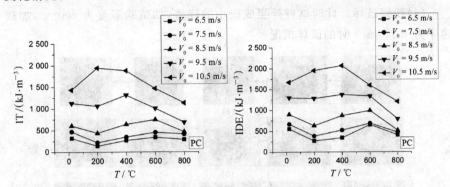

图 6.16　PC 的冲击韧度和冲击耗散能随温度的变化曲线

从图 6.16 中可以看出:在相同加载速率下,当加载速率较低时,PC 的冲击韧度和冲击耗散能均表现出先降低,再增大,最后再降低的变化趋势;当加载速率较高时,PC 的冲击韧度和冲击耗散能均表现出先增大,再降低的变化趋势。

可见,随着温度从常温升高到 800 ℃,PC 动态压缩韧性体现出以下变化趋势:较低加载速率下,先降低,再增大,最后再降低;较高加载速率下,先增大,最后再降低;总体上看,600 ℃ 以后,动态压缩韧性指标逐渐小于常温,到 800 ℃ 时,动态压缩韧性明显低于常温。

6.3.1.4　素混凝土(PC)试件破坏形态分析

如图 6.17 所示为当试验温度分别为 20 ℃,200 ℃,400 ℃,600 ℃ 和 800 ℃ 时,PC 在不同加载速率下的破坏形态对比情况,图中箭头方向代表加载速率从 6.5 m/s 逐渐增大到 10.5 m/s。

由图 6.17 可见,同一温度下,随着加载速率的增加,PC 试件的破坏越来越严重,不同温度下 PC 试件的破坏情况也有所不同,说明温度和加载速率是影响破坏形态的两个重要因素。仔细观察 PC 试件的破坏形态可以发现,对应于不同的试验温度和加载速率,PC 试件承受冲击荷载以后的破坏基本可分为以下 4 种情况:

(1)边缘脱落破坏。此时试件表面出现裂缝,但仍保持一定的完整性,依然是一个整体,只有边缘部分脱落,如温度为 400 ℃,加载速率为 6.5 m/s 时的破坏情况。

(2)留芯破坏。此时试件中心周围大部分脱落,只留下中心一小部分是完整的,如试验温度为 800 ℃,加载速率为 6.5 m/s 时的破坏情况。

(3)碎裂破坏。此时试件失去完整性,碎裂成几大块,如试验温度为 20 ℃,加载速率为 6.5 m/s 时的破坏情况。

(4)粉碎破坏。此时试件碎裂成很小的碎渣,如试验温度为 200 ℃,加载速率为 10.5 m/s 时的破坏情况。

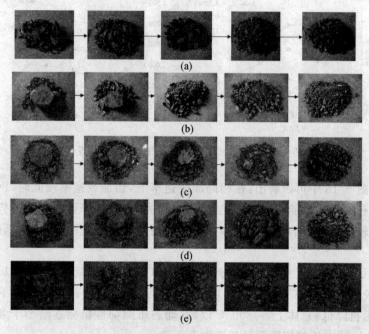

图 6.17　不同试验温度下 PC 试件的破坏形态

(a)20 ℃;　(b)200 ℃;　(c)400 ℃;　(d)600 ℃;　(e)800 ℃

从图 6.17 可以看出,当试验温度为 20 ℃时,PC 试件以碎裂破坏和粉碎破坏为主;当试验温度为 200 ℃和 400 ℃时,以边缘脱落破坏、留芯破坏、碎裂破坏和粉碎破坏为主;当试验温度为 600 ℃和 800 ℃时,以留芯破坏、碎裂破坏和粉碎破坏为主。

6.3.2　高温下钢纤维混凝土(SFRC)的动态压缩力学性能

6.3.2.1　钢纤维混凝土(SFRC)的动态压缩强度

1.加载速率效应和温度效应

高温下纤维体积掺量分别为 0.4%,0.7%和 1.0%的 SFRC 的动态抗压强度随加载速率的变化情况如图 6.18 所示。由图 6.18 可见:同一温度下,不同纤维体积掺量 SFRC 的动态抗压强度均随加载速率的增大而不断提高,加载速率越大,则相应强度越大,表现出显著的加载速率强化效应。

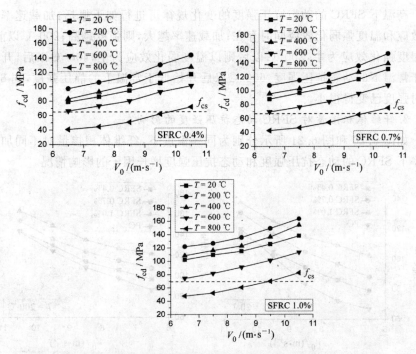

图 6.18　加载速率对 SFRC 动态抗压强度的影响

高温下 SFRC 的动态抗压强度随温度的变化情况如图 6.19 所示。由图 6.19 可见,SFRC 的动态抗压强度随温度的变化情况与 PC 类似。

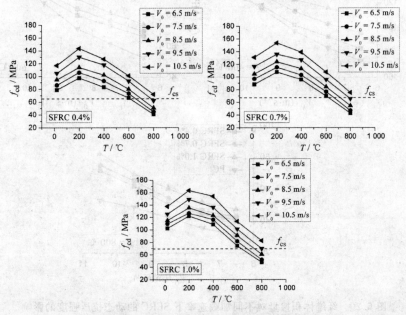

图 6.19　温度对 SFRC 动态抗压强度的影响

　　高温下 SFRC 的动态抗压强度的变化规律可进行如下概括:加载速率强
化效应和温度强弱化效应同时存在;加载速率越大,则强度越高;200 ℃以前,
以温度强化效应为主,200 ℃以后则以温度弱化效应为主,400 ℃以后,开始
低于常温下的动态抗压强度,600 ℃以后开始低于常温下的静压强度,到 800
℃时强度已变得很小。

　　2. 纤维体积掺量对 SFRC 动态抗压强度的影响

　　如图 6.20 和图 6.21 所示分别为同一温度下,纤维体积掺量对不同加载
速率下 SFRC 的动态抗压强度和动态抗压强度增长因子的影响情况。

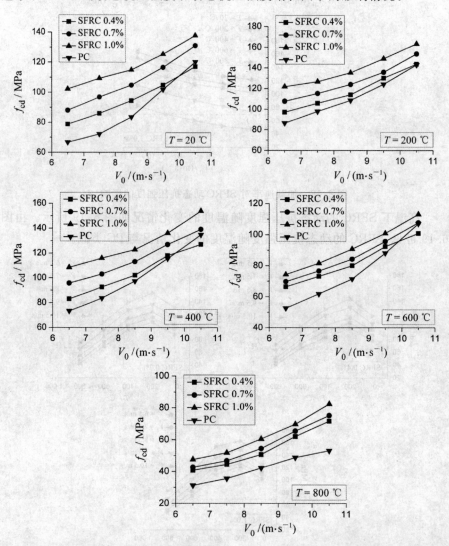

图 6.20　纤维体积掺量对不同加载速率下 SFRC 的动态抗压强度的影响

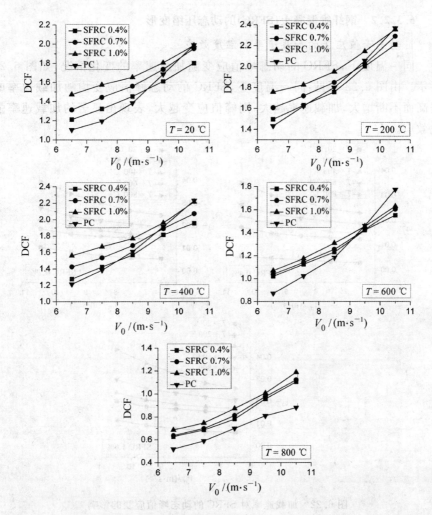

图 6.21　纤维体积掺量对不同加载速率下 SFRC 的动态抗压强度增长因子的影响

由图 6.20 和图 6.21 可见：

(1)钢纤维的加入可以显著提高 PC 在不同温度和加载速率下的动态抗压强度,且纤维体积掺量越大,则动态抗压强度越高。虽然当温度为 400 ℃ 和 600 ℃ 时,在较高加载速率下,PC 的动态抗压强度略高于 SFRC 0.4%,但从总体上看,3 种纤维体积掺量的 SFRC 的动态抗压强度均高于 PC。

(2)当纤维体积掺量为 1.0% 时,总体上,SFRC 的动态抗压强度增长因子高于 PC;当纤维体积掺量为 0.4% 和 0.7% 时,在试验温度和加载速率范围内,SFRC 的动态抗压强度增长因子并不完全高于 PC。

6.3.2.2 钢纤维混凝土(SFRC)的动态压缩变形

1.动态峰值应变的加载速率和温度效应

同一温度下,SFRC 的动态峰值应变随加载速率的变化情况,如图 6.22 所示。由图 6.22 可见:同一温度下,SFRC 的动态峰值应变均随加载速率的提高而不断增大,加载速率越大,则峰值应变越大,表现出显著的加载速率强化效应。

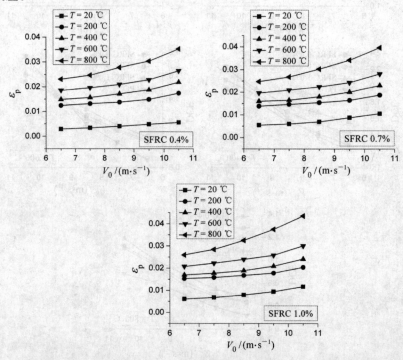

图 6.22 加载速率对 SFRC 的动态峰值应变的影响

同一加载速率下,SFRC 的动态峰值应变随温度的变化情况,如图 6.23 所示。

由图 6.23 可见:同一加载速率下,SFRC 的动态峰值应变均随温度的升高而不断增大,温度越大,则峰值应变越大,表现出显著的温度强化效应。

2.动态极限应变的加载速率和温度效应

如图 6.24 和图 6.25 所示分别为加载速率和温度对 SFRC 的动态极限应变的影响。

由图 6.24 和图 6.25 可见:同一温度下,不同纤维体积掺量的 SFRC 的动态极限应变均体现出随加载速率增大而增大的变化趋势;同一加载速率下,不同纤维体积掺量的 SFRC 的动态极限应变均体现出随温度升高先降低后增大的变化趋势,800 ℃时的动态极限应变要高于常温情况。

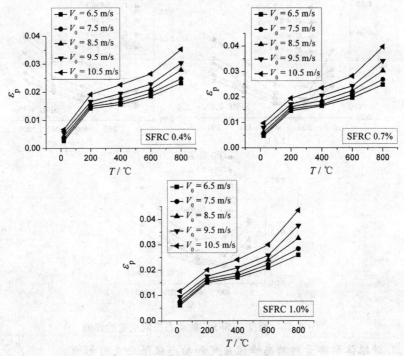

图 6.23 温度对 SFRC 的动态峰值应变的影响

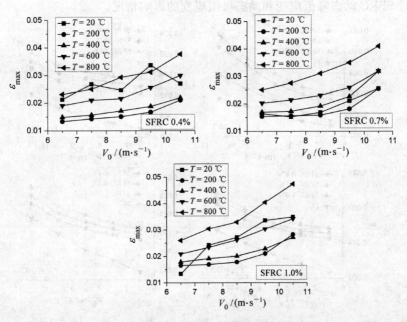

图 6.24 加载速率对 SFRC 的动态极限应变的影响

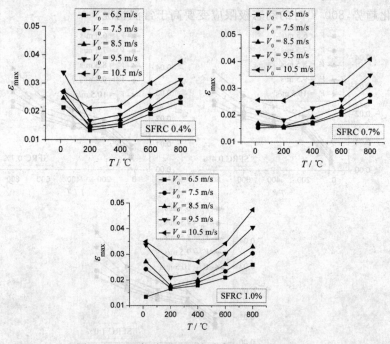

图 6.25　温度对 SFRC 的动态极限应变的影响

3.纤维体积掺量对动态峰值应变和动态极限应变的影响

图 6.26 和图 6.27 分别表示了不同温度下,纤维体积掺量对不同加载速率时 SFRC 动态峰值应变和动态极限应变的影响情况。

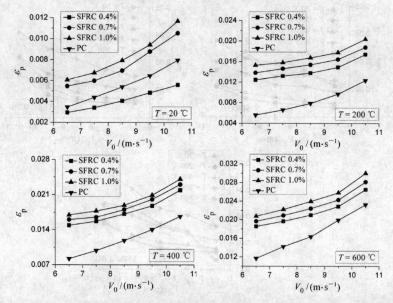

图 6.26　纤维体积掺量对不同加载速率时 SFRC 动态峰值应变的影响

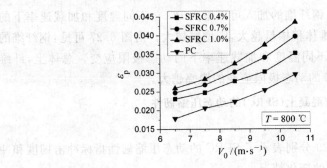

续图 6.26　纤维体积掺量对不同加载速率时 SFRC 动态峰值应变的影响

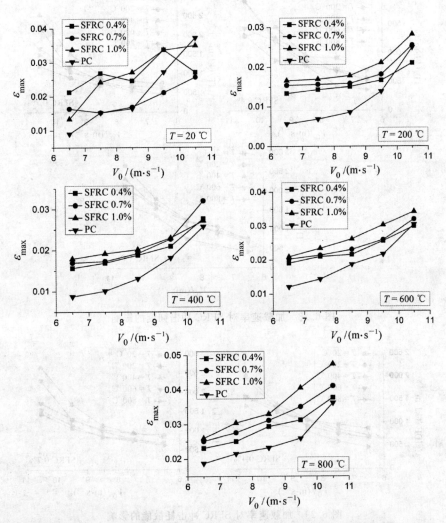

图 6.27　纤维体积掺量对不同加载速率时 SFRC 动态极限应变的影响

由图 6.26 可见:钢纤维的加入可以增大 PC 在不同温度和加载速率下的动态峰值应变,且纤维体积掺量越大,则增幅越大。由图 6.27 可见:钢纤维的加入可以提高 PC 在不同温度和加载速率下的动态极限应变。总体上,纤维体积掺量越大,SFRC 的动态极限应变的增幅越大。

6.3.2.3 钢纤维混凝土(SFRC)的动态压缩韧性

1.加载速率效应

图 6.28 和图 6.29 分别表示了 SFRC 的动态压缩韧性指标冲击韧度和冲击耗散能随加载速率的变化情况。

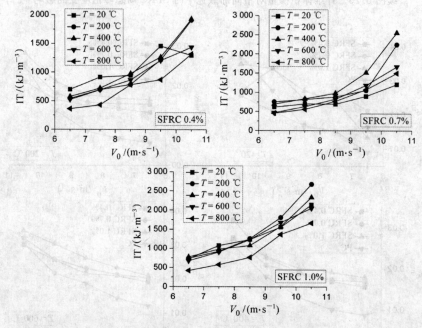

图 6.28 加载速率对 SFRC 冲击韧度的影响

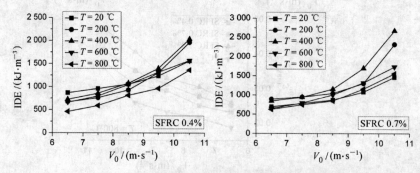

图 6.29 加载速率对 SFRC 冲击耗散能的影响

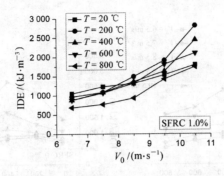

续图 6.29 加载速率对 SFRC 冲击耗散能的影响

由图 6.28 和图 6.29 可见:同一温度下,不同纤维体积掺量的 SFRC 的冲击韧度和冲击耗散能均随加载速率的提高而不断增大,加载速率越大,则冲击韧度和冲击耗散能越大,均显示出明显的加载速率强化效应。

2.温度效应

图 6.30 和图 6.31 分别表示了 SFRC 的动态压缩韧性指标冲击韧度和冲击耗散能随试验温度的变化情况。

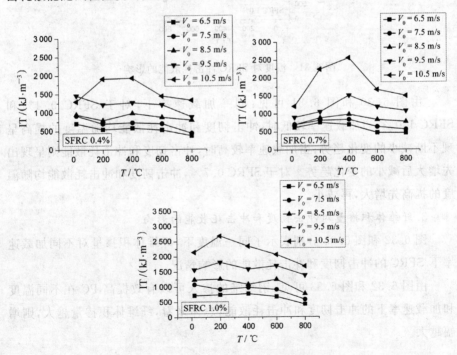

图 6.30 温度对 SFRC 冲击韧度的影响

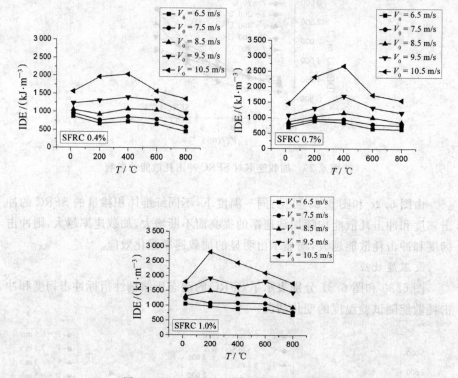

图 6.31　温度对 SFRC 冲击耗散能的影响

由图 6.30 和图 6.31 可见：同一加载速率下，对于 SFRC 0.4％和 SFRC 1.0％，当加载速率较低时，冲击韧度和冲击耗散能均随温度的提高呈现不断减小的变化趋势；当加载速率较高时，冲击韧度和冲击耗散能则呈现出先增大后减小的变化趋势。对于 SFRC 0.7％，冲击韧度和冲击耗散能均随温度的提高先增大，再减小。

3. 纤维体积掺量对冲击韧度和冲击耗散能的影响

图 6.32 和图 6.33 分别表示了同一温度下，纤维体积掺量对不同加载速率下 SFRC 的冲击韧度和冲击耗散能的影响情况。

由图 6.32 和图 6.33 可见：钢纤维的掺入可以有效提高 PC 在不同温度和加载速率下的冲击韧度和冲击耗散能，总体来看，纤维体积掺量越大，则增幅越大。

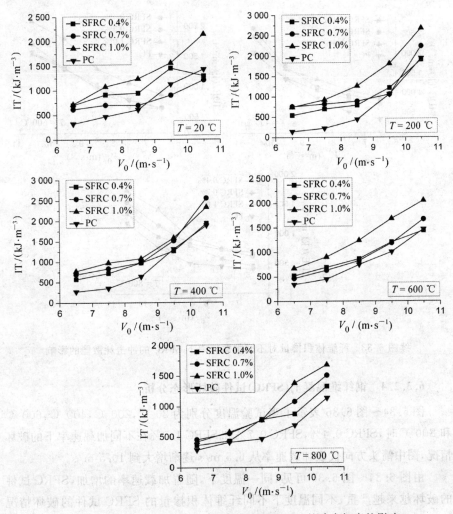

图 6.32　纤维体积掺量对不同加载速率下 SFRC 的冲击韧度的影响

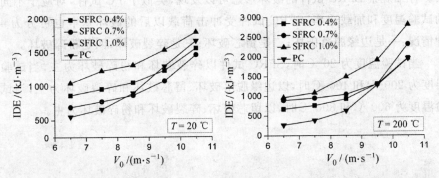

图 6.33　纤维体积掺量对不同加载速率下 SFRC 的冲击耗散能的影响

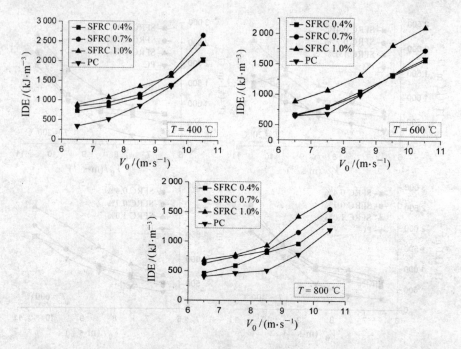

续图 6.33　纤维体积掺量对不同加载速率下 SFRC 的冲击耗散能的影响

6.3.2.4　钢纤维混凝土(SFRC)试件破坏形态分析

图 6.34～图 6.36 表示了当试验温度分别为 20 ℃,200 ℃,400 ℃,600 ℃ 和 800 ℃时,SFRC 0.4％,SFRC 0.7％和 SFRC 1.0％在不同加载速率下的破坏情况,图中箭头方向代表加载速率从 6.5 m/s 逐渐增大到 10.5 m/s。

由图 6.34～图 6.36 可见,同一温度下,随着加载速率的增加,SFRC 试件的破坏越来越严重,不同温度下不同纤维体积掺量的 SFRC 试件的破坏情况有所不同,说明温度、加载速率和钢纤维体积掺量是影响破坏形态的重要因素。仔细观察 SFRC 试件的破坏形态可以发现,类似于 PC 试件,对应于不同的试验温度和加载速率,SFRC 试件受冲击荷载以后的破坏基本也可分为 4 种情况:一是边缘脱落破坏;二是留芯破坏;三是碎裂破坏;四是粉碎破坏。

当试验温度为 20 ℃时,SFRC 试件以碎裂破坏和粉碎破坏为主;当试验温度为 200 ℃和 400 ℃时,以边缘脱落破坏、留芯破坏和碎裂破坏为主;当试验温度为 600 ℃和 800 ℃时,以留芯破坏、碎裂破坏和粉碎破坏为主。

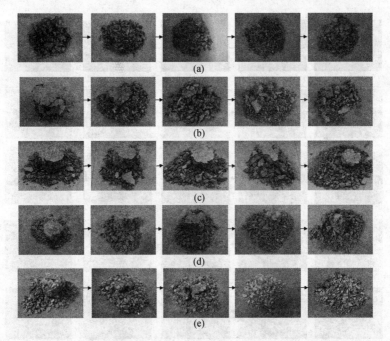

图 6.34　不同试验温度下冲击加载后 SFRC 0.4％试件的破坏形态

（a）20 ℃；　（b）200 ℃；　（c）400 ℃；　（d）600 ℃；　（e）800 ℃

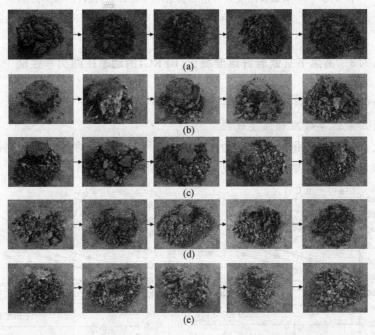

图 6.35　不同试验温度下冲击加载后 SFRC 0.7％试件的破坏形态

（a）20 ℃；　（b）200 ℃；　（c）400 ℃；　（d）600 ℃；　（e）800 ℃

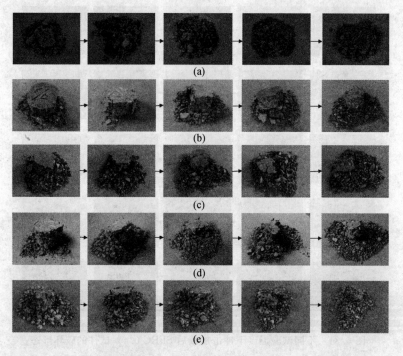

图 6.36　不同试验温度下冲击加载后 SFRC 1.0％试件的破坏形态

(a)20 ℃；　(b)200 ℃；　(c)400 ℃；　(d)600 ℃；　(e)800 ℃

6.3.3　高温下玄武岩纤维混凝土(BFRC)的动态压缩力学性能

6.3.3.1　玄武岩纤维混凝土(BFRC)的动态压缩强度

1.加载速率效应和温度效应

玄武岩纤维体积掺量分别为 0.1％,0.2％和 0.3％ 的 BFRC 的高温动态抗压强度随加载速率的变化情况如图 6.37 所示。

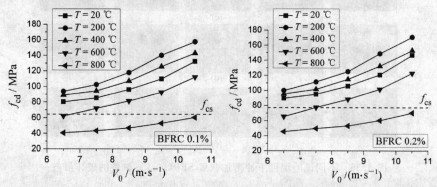

图 6.37　加载速率对 BFRC 的动态抗压强度的影响

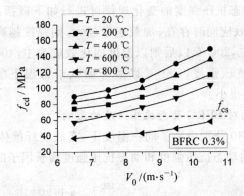

续图 6.37　加载速率对 BFRC 的动态抗压强度的影响

由图 6.37 可见:同一温度下,不同纤维体积掺量的 BFRC 的动态抗压强度均随加载速率的增大而不断提高,加载速率越大,则相应强度越大,表现出显著的加载速率强化效应。

BFRC 的高温动态抗压强度随温度的变化情况如图 6.38 所示。由图 6.38可见:BFRC 的高温动态抗压强度随温度的变化情况与 PC 和 SFRC 类似。

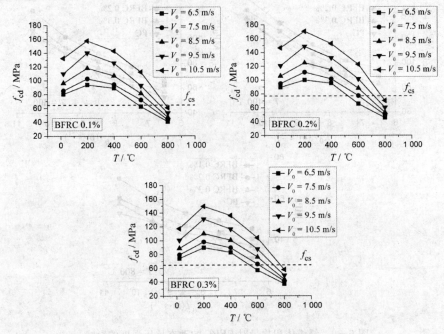

图 6.38　温度对 BFRC 的动态抗压强度的影响

BFRC 的高温动态抗压强度的变化规律可进行如下概括：加载速率强化效应和温度强、弱化效应同时存在；加载速率越大，则强度越高；200 ℃以前，以温度强化效应为主，200 ℃以后则以温度弱化效应为主，400 ℃以后，开始低于常温下的动态抗压强度，600 ℃以后开始低于常温下的静压强度，到800 ℃时强度已变得很小。

2. 纤维体积掺量对 BFRC 动态抗压强度的影响

图 6.39 和图 6.40 分别表示了同一温度下，玄武岩纤维体积掺量对不同加载速率下 BFRC 的动态抗压强度和动态抗压强度增长因子的影响情况。

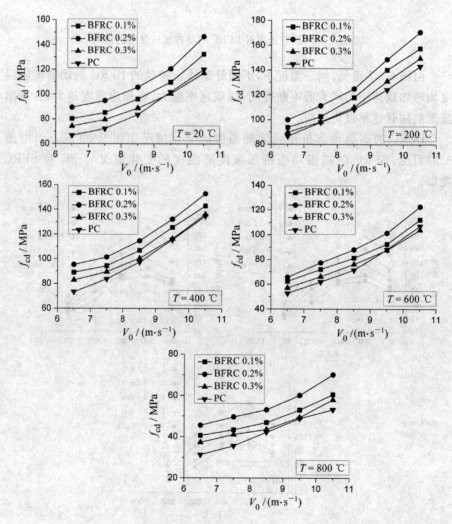

图 6.39　纤维体积掺量对 BFRC 的动态抗压强度的影响

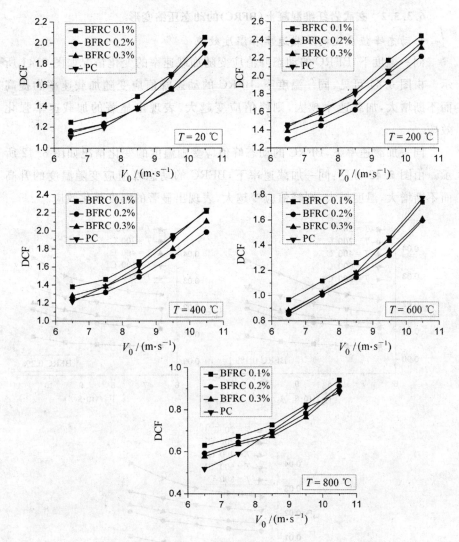

图 6.40　纤维体积掺量对 BFRC 的动态抗压强度增长因子的影响

由图 6.39 和图 6.40 可见:①玄武岩纤维的加入可以显著提高 PC 在不同温度和加载速率下的动态抗压强度。总体上看,当纤维体积掺量为 0.2% 时,动态抗压强度最高,其次依次是 BFRC 0.1% 和 BFRC 0.2%。②当玄武岩纤维体积掺量为 0.1% 时,BFRC 动态抗压强度增长因子高于 PC,当玄武岩纤维体积掺量为 0.2% 和 0.3% 时,在试验温度和加载速率范围内,BFRC 的动态抗压强度增长因子并不完全高于 PC。

6.3.3.2　玄武岩纤维混凝土(BFRC)的动态压缩变形

1.动态峰值应变的加载速率和温度效应

同一温度下,BFRC 的动态峰值应变随加载速率的变化情况如图 6.41 所示。由图 6.41 可见:同一温度下,BFRC 的动态峰值应变随加载速率的提高而不断增大,加载速率越大,则峰值应变越大,表现出显著的加载速率强化效应。

同一加载速率下,BFRC 的动态峰值应变随温度的变化情况如图 6.42 所示。由图 6.42 可见:同一加载速率下,BFRC 的动态峰值应变随温度的升高而不断增大,温度越大,则峰值应变越大,表现出显著的温度强化效应。

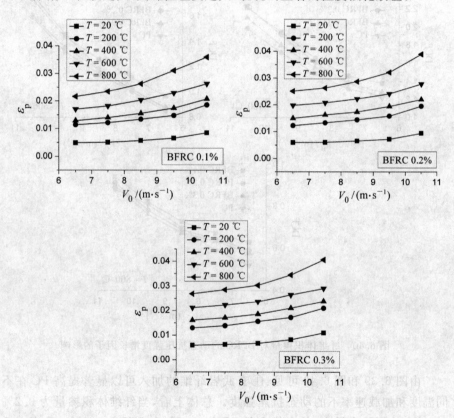

图 6.41　加载速率对 BFRC 的动态峰值应变的影响

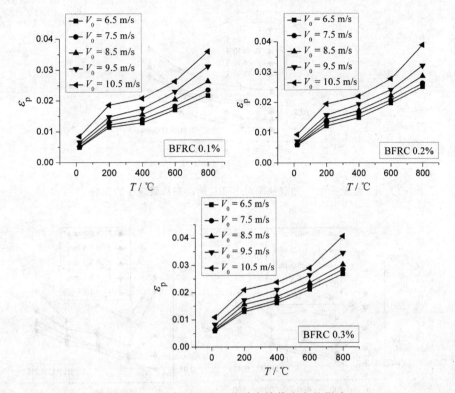

图 6.42　温度对 BFRC 的动态峰值应变的影响

2. 动态极限应变的加载速率和温度效应

　　图 6.43 和图 6.44 分别表示了加载速率和温度对 BFRC 的动态极限应变的影响。

　　由图 6.43 和图 6.44 可见:同一温度下,不同纤维体积掺量的 BFRC 的动态极限应变均体现出随加载速率增大而增大的变化趋势;同一加载速率下,不同纤维体积掺量的 BFRC 的动态极限应变均总体表现出随温度升高先降低后增大的变化趋势,800 ℃时的动态极限应变要高于常温情况。

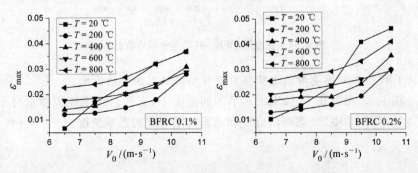

图 6.43　加载速率对 BFRC 的动态极限应变的影响

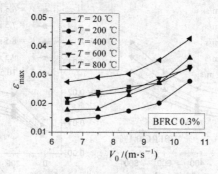

续图 6.43　加载速率对 BFRC 的动态极限应变的影响

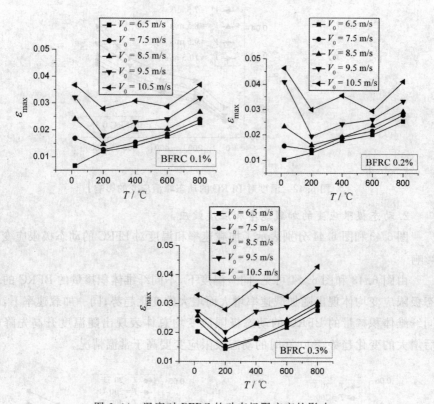

图 6.44　温度对 BFRC 的动态极限应变的影响

3.纤维体积掺量对动态峰值应变和动态极限应变的影响

图 6.45 和图 6.46 分别表示了不同温度下,玄武岩纤维体积掺量对不同加载速率时 BFRC 动态峰值应变和动态极限应变的影响情况。

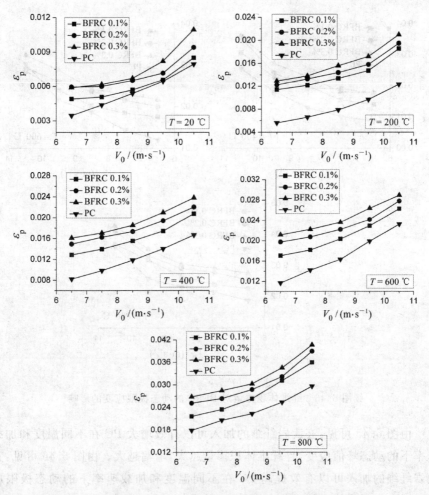

图 6.45　纤维体积掺量对 BFRC 的动态峰值应变的影响

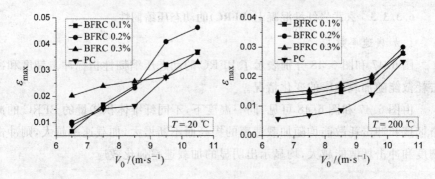

图 6.46　纤维体积掺量对 BFRC 的动态极限应变的影响

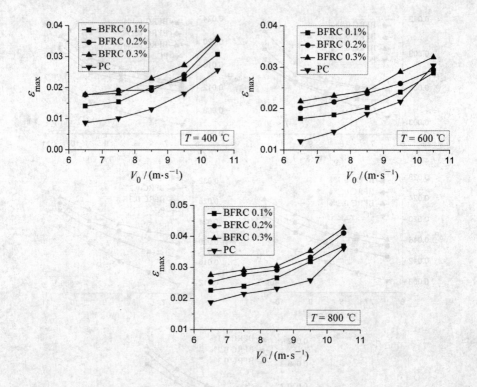

续图 6.46　纤维体积掺量对 BFRC 的动态极限应变的影响

由图 6.45 可见：玄武岩纤维的加入可以有效增大 PC 在不同温度和加载速率下的动态峰值应变，且纤维体积掺量越大，增幅越大。由图 6.46 可见：玄武岩纤维的加入可以有效提高 PC 在不同温度和加载速率下的动态极限应变，总体上，纤维体积掺量越大，则增幅越大。

6.3.3.3　玄武岩纤维混凝土(BFRC)的动态压缩韧性

1.加载速率效应

图 6.47 和图 6.48 分别表示了 BFRC 的动态压缩韧性指标冲击韧度和冲击耗散能随加载速率的变化情况。

由图 6.47 和图 6.48 可见：同一温度下，不同纤维体积掺量的 BFRC 的冲击韧度和冲击耗散能均随加载速率的提高而不断增大，加载速率越大，则冲击韧度和冲击耗散能越大，均显示出明显的加载速率强化效应。

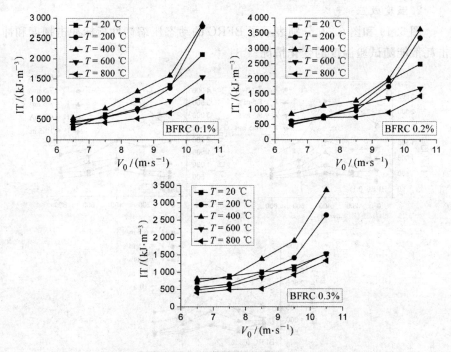

图 6.47　加载速率对 BFRC 的冲击韧度的影响

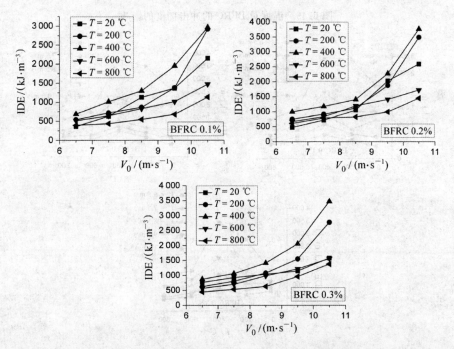

图 6.48　加载速率对 BFRC 的冲击耗散能的影响

2.温度效应

图 6.49 和图 6.50 分别表示了 BFRC 的动态压缩韧性指标冲击韧度和冲击耗散能随试验温度的变化情况。

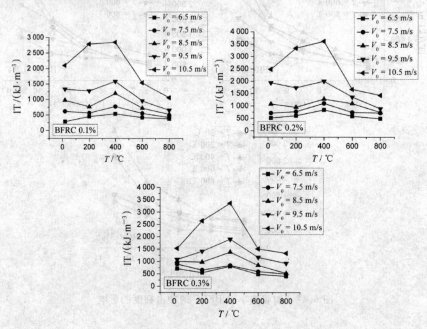

图 6.49　温度对 BFRC 的冲击韧度的影响

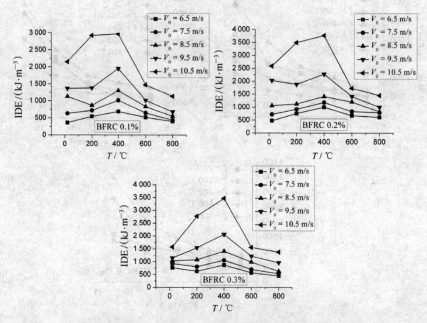

图 6.50　温度对 BFRC 的冲击耗散能的影响

由图 6.49 和图 6.50 可见:同一加载速率下,对于 BFRC 0.1% 和 BFRC 0.3%,当加载速率较低时,冲击韧度和冲击耗散能均随温度的升高呈现先减小,后增大,再减小的复杂趋势;当加载速率较高时,则呈现出先增大后减小的变化趋势。对于 BFRC 0.2%,冲击韧度和冲击耗散能均随温度的提高先增大,再减小。

3.纤维体积掺量对 BFRC 冲击韧度和冲击耗散能的影响

图 6.51 和图 6.52 分别表示了同一温度下,纤维体积掺量对不同加载速率下 BFRC 的冲击韧度和冲击耗散能的影响情况。由图 6.51 和图 6.52 可见:玄武岩纤维的掺入可以有效提高 PC 在不同温度和加载速率下的冲击韧度和冲击耗散能,总体来看,BFRC 0.2% 的增幅最大,其次依次是 BFRC 0.3% 和 BFRC 0.1%。

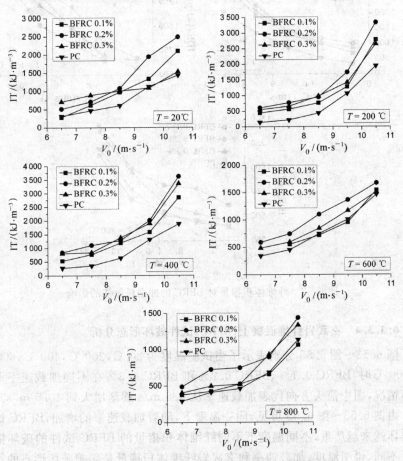

图 6.51　纤维体积掺量对 BFRC 的冲击韧度的影响

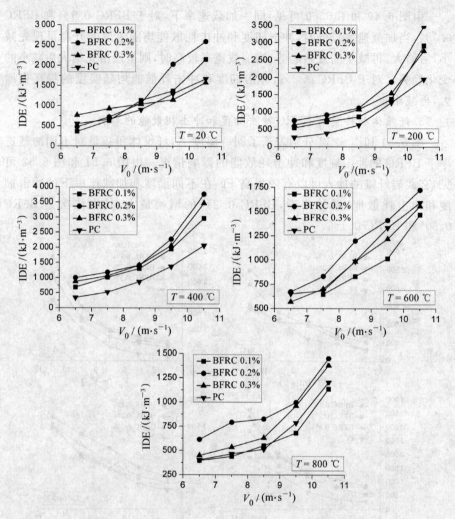

图 6.52　纤维体积掺量对 BFRC 的冲击耗散能的影响

6.3.3.4　玄武岩纤维混凝土(BFRC)试件破坏形态分析

图 6.53~图 6.55 分别表示了当试验温度为 20 ℃,200 ℃,400 ℃,600 ℃和 800 ℃时,BFRC 0.1%,BFRC 0.2%和 BFRC 0.3%在不同加载速率下的破坏情况,图中箭头方向代表加载速率从 6.5 m/s 逐渐增大到 10.5 m/s。

由图 6.53~图 6.55 可见,同一温度下,随着加载速率的增加,BFRC 试件的破坏越来越严重,不同温度下不同纤维体积掺量的 BFRC 试件的破坏情况有所不同,说明温度、加载速率和玄武岩纤维体积掺量是影响破坏形态的重要因素。仔细观察 BFRC 试件的破坏形态可以发现,类似于 PC 和 SFRC 试件,对应于不同的试验温度和加载速率,BFRC 试件受冲击荷载以后的破坏基本也可分为 4 种情况：一是边缘脱落破坏；二是留芯破坏；三是碎裂破坏；四是粉碎破坏。

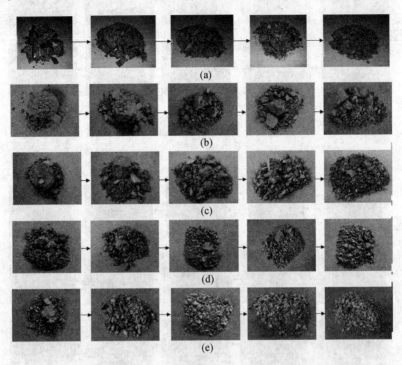

图 6.53　不同试验温度下冲击加载后 BFRC 0.1％试件的破坏情况

(a)20 ℃；　(b)200 ℃；　(c)400 ℃；　(d)600 ℃；　(e)800 ℃

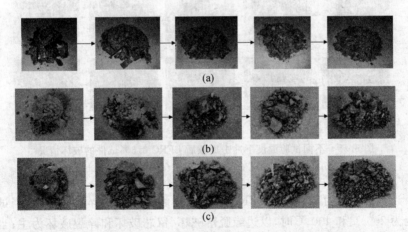

图 6.54　不同试验温度下冲击加载后 BFRC 0.2％试件的破坏情况

(a)20 ℃；　(b)200 ℃；　(c)400 ℃；　(d)600 ℃；　(e)800 ℃

续图 6.54 不同试验温度下冲击加载后 BFRC 0.2％试件的破坏情况

(a)20 ℃；　(b)200 ℃；　(c)400 ℃；　(d)600 ℃；　(e)800 ℃

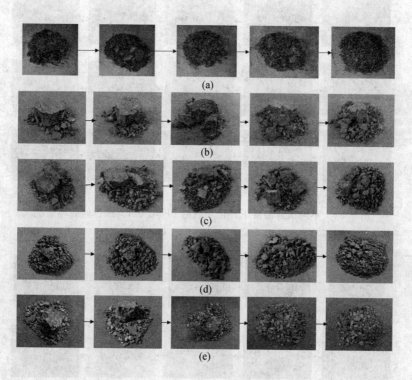

图 6.55 不同试验温度下冲击加载后 BFRC 0.3％试件的破坏情况

(a)20 ℃；　(b)200 ℃；　(c)400 ℃；　(d)600 ℃；　(e)800 ℃

当试验温度为 20 ℃时，BFRC 试件以碎裂破坏和粉碎破坏为主；当试验温度为 200 ℃和 400 ℃时，以边缘脱落破坏、留芯破坏和碎裂破坏为主；当试验温度为 600 ℃和 800 ℃时，以留芯破坏、碎裂破坏和粉碎破坏为主。

6.3.4　高温下碳纤维混凝土(CFRC)的动态压缩力学性能

6.3.4.1　碳纤维混凝土(CFRC)的动态压缩强度

1.动态压缩强度的加载速率效应和温度效应

碳纤维体积掺量分别为 0.1%,0.2% 和 0.3% 的 CFRC 的高温动态抗压强度随加载速率的变化情况如图 6.56 所示。

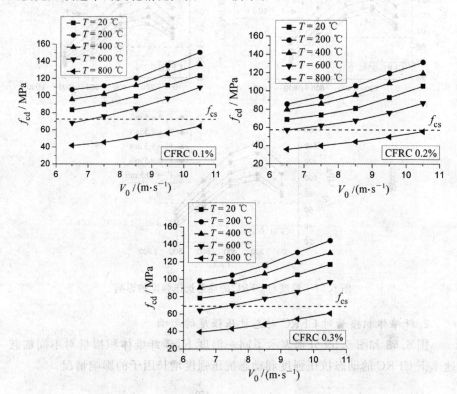

图 6.56　加载速率对 CFRC 的动态抗压强度的影响

由图 6.56 可见:同一温度下,不同纤维体积掺量的 CFRC 的动态抗压强度均随加载速率的增大而不断提高,加载速率越大,则相应强度越大,表现出显著的加载速率强化效应。

CFRC 的高温动态抗压强度随温度的变化情况如图 6.57 所示。由图 6.57 可见:CFRC 的高温动态抗压强度随温度的变化情况类似于 PC,SFRC 和 BFRC。

CFRC 的高温动态抗压强度的变化规律可进行如下概括:加载速率强化效应和温度强弱化效应同时存在;加载速率越大,则强度越高;200 ℃以前,以温度强化效应为主,200 ℃以后则以温度弱化效应为主,400 ℃以后,开始低于常温下的动态抗压强度,600 ℃以后开始低于常温下的静压强度,到 800 ℃时强度已变得很小。

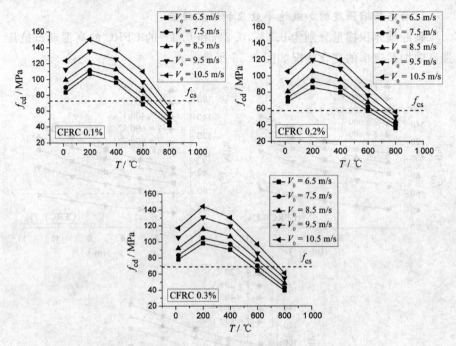

图 6.57　温度对 CFRC 的动态抗压强度的影响

2.纤维体积掺量对 CFRC 动态抗压强度的影响

图 6.58 和图 6.59 分别表示了同一温度下,碳纤维体积掺量对不同加载速率下 CFRC 的动态抗压强度和动态抗压强度增长因子的影响情况。

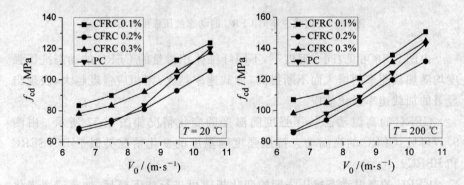

图 6.58　纤维体积掺量对 CFRC 的动态抗压强度的影响

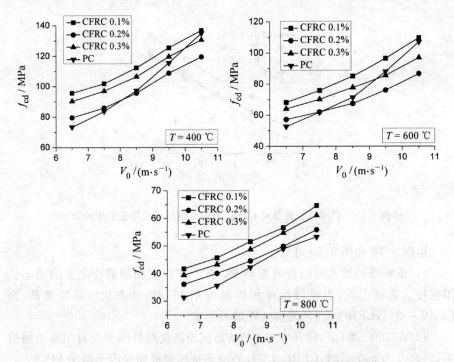

续图 6.58　纤维体积掺量对 CFRC 的动态抗压强度的影响

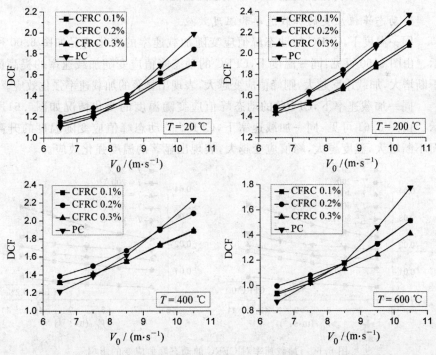

图 6.59　纤维体积掺量对 CFRC 的动态抗压强度增长因子的影响

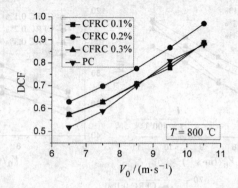

续图 6.59　纤维体积掺量对 CFRC 的动态抗压强度增长因子的影响

由图 6.58 和图 6.59 可见:

(1)碳纤维的加入可以有效提高 PC 在不同温度和加载速率下的动态抗压强度。总体上看,当碳纤维体积掺量为 0.1% 时,动态抗压强度最高,而 CFRC 0.3%,CFRC 0.2% 的增强效果不明显。

(2)在 600 ℃ 以前,碳纤维对 PC 动态抗压强度增长因子没有明显增强效果,当温度为 800 ℃ 时,CFRC 0.2% 的动态抗压强度增长因子高于 PC。

6.3.4.2　碳纤维混凝土(CFRC)动态压缩变形

1.动态峰值应变的加载速率和温度效应

同一温度下,CFRC 的动态峰值应变随加载速率的变化情况如图 6.60 所示。由图 6.60 可见:同一温度下,CFRC 的动态峰值应变随加载速率的提高而不断增大,加载速率越大,则峰值应变越大,表现出显著的加载速率强化效应。

同一加载速率下,CFRC 的动态峰值应变随温度的变化情况如图6.61所示。由图 6.61 可见:同一加载速率下,CFRC 的动态峰值应变随温度的升高而不断增大,温度越大,峰值应变越大,表现出显著的温度强化效应。

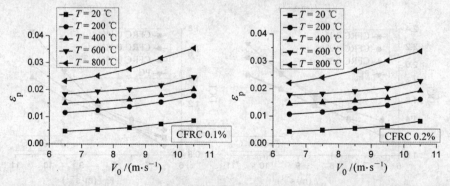

图 6.60　加载速率对 CFRC 的动态峰值应变的影响

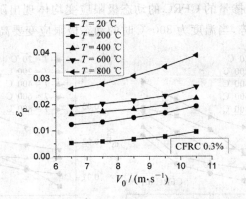

续图 6.60　加载速率对 CFRC 的动态峰值应变的影响

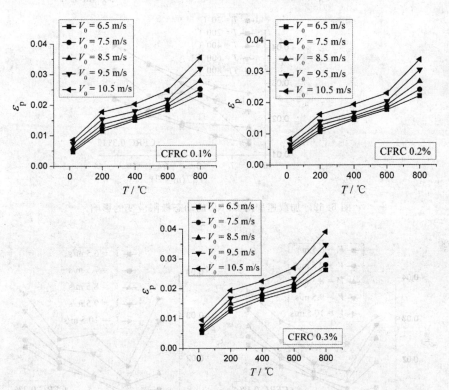

图 6.61　温度对 CFRC 的动态峰值应变的影响

2.动态极限应变的加载速率和温度效应

图 6.62 和图 6.63 分别表示了加载速率和温度对 CFRC 的动态极限应变的影响。由图 6.62 和图 6.63 可见:同一温度下,不同纤维体积掺量的 CFRC的动态极限应变均体现出随加载速率增大而增大的变化趋势;同一加载速率

下,不同纤维体积掺量的 CFRC 的动态极限应变均体现出随温度升高先降低后增大的变化趋势,当温度为 800 ℃时的动态极限应变要高于常温情况。

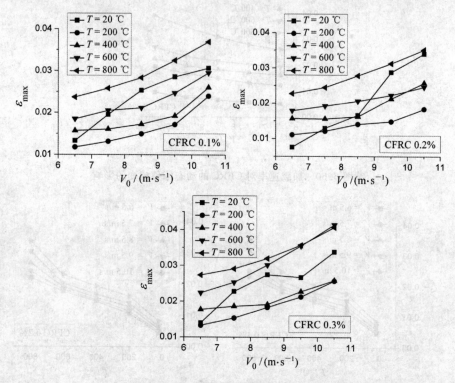

图 6.62　加载速率对 CFRC 的动态极限应变的影响

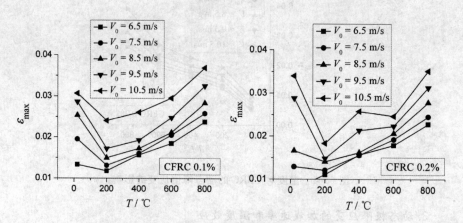

图 6.63　温度对 CFRC 的动态极限应变的影响

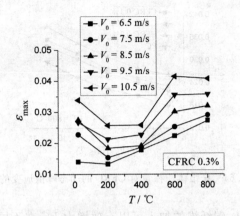

续图 6.63　温度对 CFRC 的动态极限应变的影响

3. 纤维体积掺量对动态峰值应变和动态极限应变的影响

图 6.64 表示了不同温度下,碳纤维体积掺量对不同加载速率时 CFRC 动态峰值应变的影响情况。

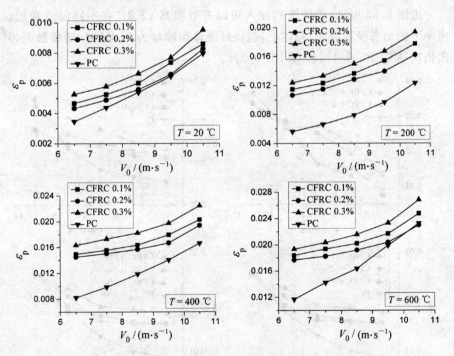

图 6.64　纤维体积掺量对 CFRC 的动态峰值应变的影响

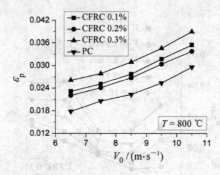

续图 6.64　纤维体积掺量对 CFRC 的动态峰值应变的影响

由图 6.64 可见：碳纤维的加入可以有效增大 PC 在不同温度和加载速率下的动态峰值应变；总体上，当碳纤维体积掺量为 0.3％时，增幅最大，其次依次是 CFRC 0.1％和 CFRC 0.2％。

图 6.65 表示了不同温度下，碳纤维体积掺量对不同加载速率时 CFRC 动态极限应变的影响情况。

由图 6.65 可见：碳纤维的加入可以有效提高 CFRC 在不同温度和加载速率下的动态极限应变；总体上，当碳纤维体积掺量为 0.3％时，增幅最大，其次依次是 CFRC 0.1％和 CFRC 0.2％。

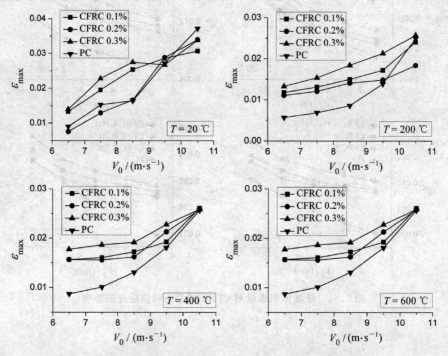

图 6.65　纤维体积掺量对 CFRC 的动态极限应变的影响

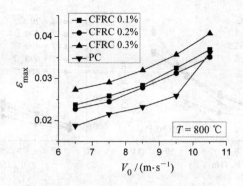

续图 6.65　纤维体积掺量对 CFRC 的动态极限应变的影响

6.3.4.3　碳纤维混凝土(CFRC)动态压缩韧性

1.加载速率效应

图 6.66 和图 6.67 分别表示了 CFRC 的动态压缩韧性指标冲击韧度和冲击耗散能随加载速率的变化情况。

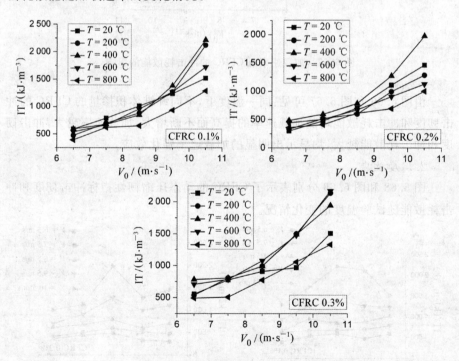

图 6.66　加载速率对 CFRC 的冲击韧度的影响

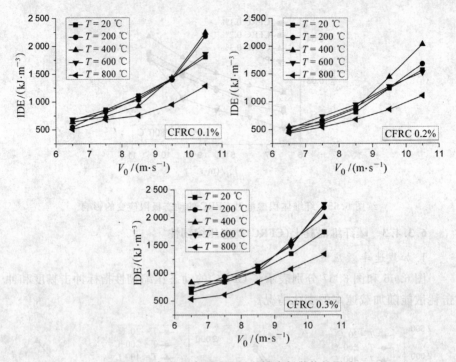

图 6.67　加载速率对 CFRC 的冲击耗散能的影响

由图 6.66 和图 6.67 可见：同一温度下，不同纤维体积掺量的 CFRC 的冲击韧度和冲击耗散能均随加载速率的提高而不断增大，加载速率越大，冲击韧度和冲击耗散能越大，均显示出明显的加载速率强化效应。

2.温度效应

图 6.68 和图 6.69 分别表示了 CFRC 的动态压缩韧性指标冲击韧度和冲击耗散能随试验温度的变化情况。

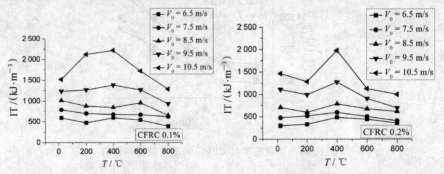

图 6.68　温度对 CFRC 的冲击韧度的影响

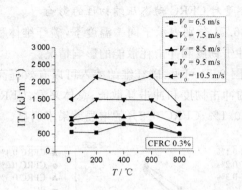

续图 6.68 温度对 CFRC 的冲击韧度的影响

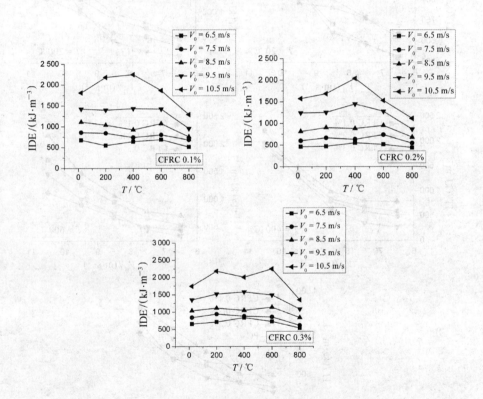

图 6.69 温度对 CFRC 的冲击耗散能的影响

由图 6.68 和图 6.69 可见:同一加载速率下,当加载速率较低时,CFRC 的冲击韧度和冲击耗散能均随温度的升高呈现先减小,后增大,再减小的复杂趋势;当加载速率较高时,则呈现出先增大后减小的变化趋势。

3. 纤维体积掺量对 CFRC 动态压缩韧性的影响

图 6.70 和图 6.71 分别表示了同一温度下,碳纤维体积掺量对不同加载速率下 CFRC 的冲击韧度和冲击耗散能的影响情况。

由图 6.70 和图 6.71 可见:碳纤维的掺入可以有效提高 CFRC 在不同温度和加载速率下的冲击韧度和冲击耗散能;总体来看,CFRC 0.3% 的增幅最大,其次是 CFRC 0.1%,CFRC 0.2% 的增强效果不明显。

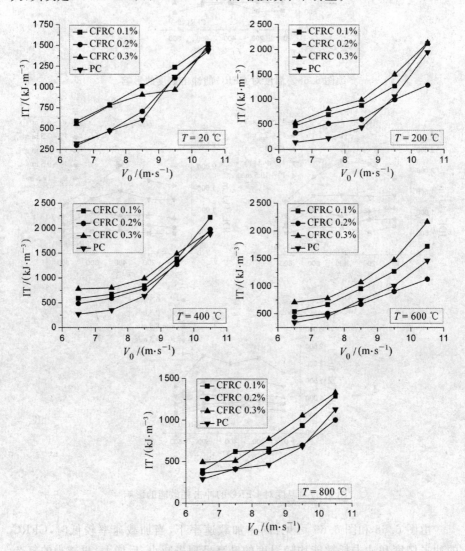

图 6.70 碳纤维体积掺量对 CFRC 的冲击韧度的影响

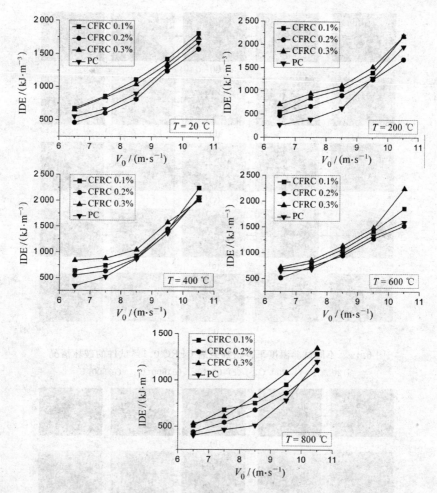

图 6.71　碳纤维体积掺量对 CFRC 的冲击耗散能的影响

6.3.4.4　碳纤维混凝土(CFRC)试件破坏形态分析

图 6.72～图 6.74 表示了当试验温度为 20 ℃,200 ℃,400 ℃,600 ℃和 800 ℃时,CFRC 0.1％,CFRC 0.2％和 CFRC 0.3％在不同加载速率下的破坏情况。图中箭头方向代表加载速率从 6.5m/s 逐渐增大到 10.5m/s。

由图 6.72～图 6.74 可见,同一温度下,随着加载速率的增加,CFRC 试件的破坏越来越严重,不同温度下试件的破坏情况有所不同,说明温度、加载速率和碳纤维体积掺量是影响破坏形态的重要因素。仔细观察试件的破坏形态可以发现,类似于 PC,SFRC 和 BFRC 试件,CFRC 试件受冲击荷载以后的破坏基本也可分为 4 种情况:一是边缘脱落破坏;二是留芯破坏;三是碎裂破坏;四是粉碎破坏。

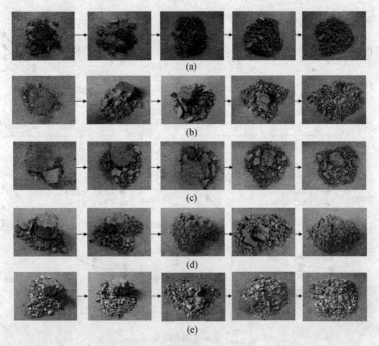

图 6.72　不同试验温度下冲击加载后 CFRC 0.1％试件的破坏情况
(a)20 ℃；　(b)200 ℃；　(c)400 ℃；　(d)600 ℃；　(e)800 ℃

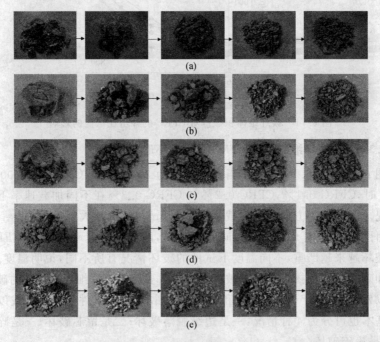

图 6.73　不同试验温度下冲击加载后 CFRC 0.2％试件的破坏情况
(a)20 ℃；　(b)200 ℃；　(c)400 ℃；　(d)600 ℃；　(e)800 ℃

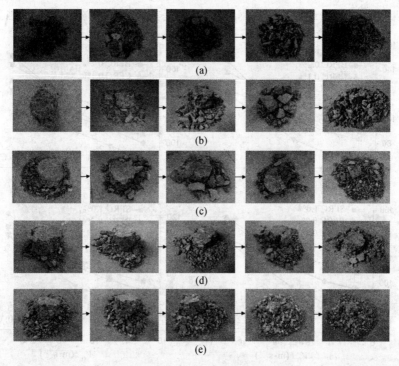

图 6.74　不同试验温度下冲击加载后 CFRC 0.3％试件的破坏情况

(a)20 ℃；　(b)200 ℃；　(c)400 ℃；　(d)600 ℃；　(e)800 ℃

当试验温度为 20 ℃时,CFRC 试件以碎裂破坏和粉碎破坏为主;当试验温度为 200 ℃和 400 ℃时,以边缘脱落破坏、留芯破坏、碎裂破坏为主;当试验温度为 600 ℃和 800 ℃时,以留芯破坏、碎裂破坏和粉碎破坏为主。

6.4　纤维混凝土高温动态压缩力学性能对比分析

6.4.1　纤维混凝土高温动态抗压强度的对比分析

如图 6.75 所示是不同温度和不同加载速率下 PC,SFRC 1.0％,BFRC 0.2％和 CFRC 0.1％的动态抗压强度之间的对比情况。

由图 6.75 可见:虽然当试验温度分别为 20 ℃,200 ℃和 600 ℃时,BFRC 0.2％在高加载速率下的动态抗压强度略高于 SFRC 1.0％;但总体上,对应于不同的加载速率和试验温度,材料的动态抗压强度从高到低依次为 SFRC 1.0％,BFRC 0.2％,CFRC 0.1％和 PC。

说明 3 种 FRC 材料的动态抗压强度均优于 PC,对 PC 动态抗压强度增强效果相对较好的纤维种类是钢纤维,其次是玄武岩纤维,然后是碳纤维。

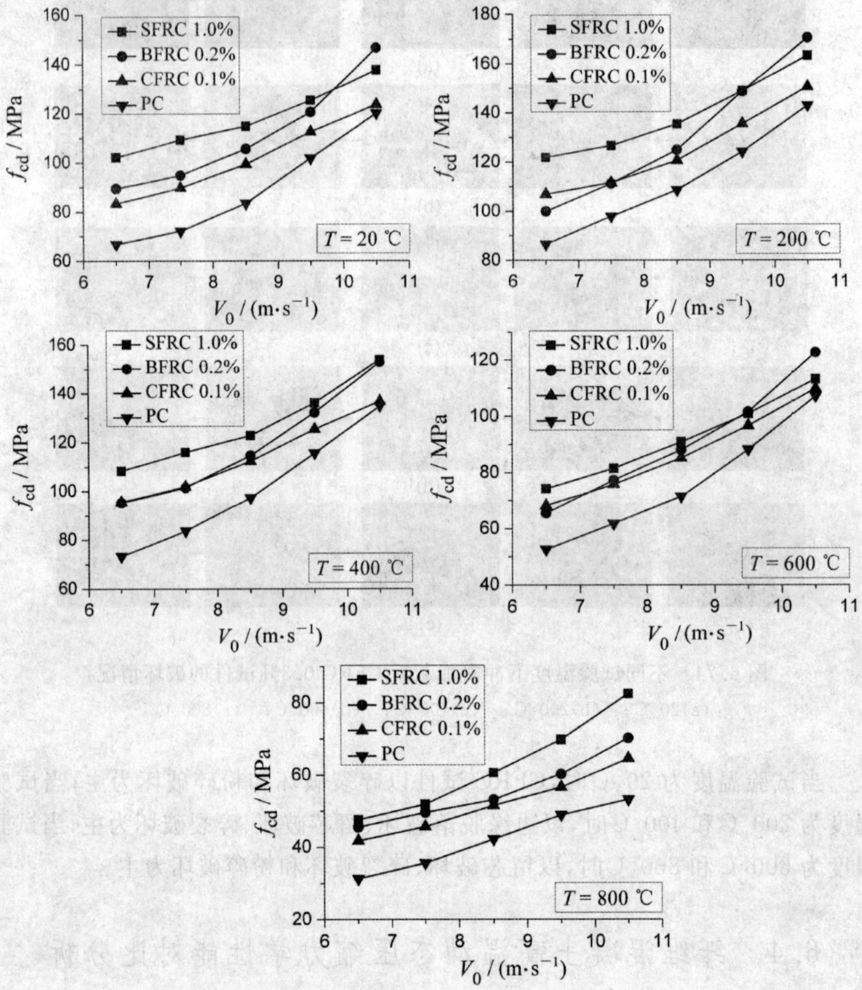

图 6.75　不同温度和不同加载速率下材料的动态抗压强度对比

图 6.76 表示了不同温度和不同加载速率下 PC,SFRC 1.0%,BFRC 0.2% 和 CFRC 0.1% 的动态抗压强度增长因子之间的对比情况。

由图 6.76 可见:虽然当试验温度为 800 ℃时,PC,BFRC 0.2%和 CFRC 0.1% 的动态强度增长因子没有明显区别;但总体上,对应于不同的加载速率和试验温度,材料的动态强度增长因子相对较高的是 SFRC 1.0%,其次是 PC,最后是 BFRC 0.2%和 CFRC 0.1%。BFRC 0.2%和 CFRC 0.1%的动态强度增长因子没有明显区别,当试验温度为 200 ℃和 400 ℃时,低加载速率下 CFRC 1.0%略高一点,但高加载速率下 BFRC 0.2%却略高一些,从整个加载速率和应变率范围来看,二者没有明显区别。

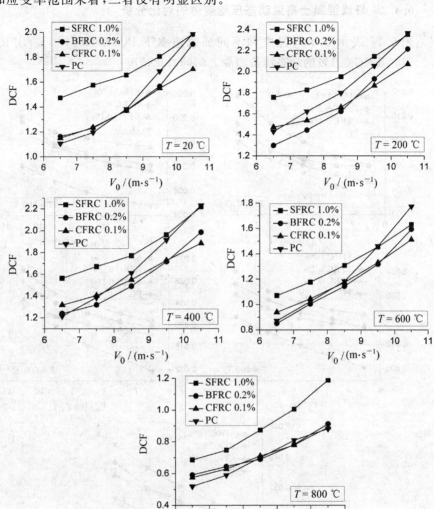

图 6.76　不同温度和不同加载速率下材料的动态抗压强度增长因子对比

SFRC 1.0%的动态抗压强度增长因子高于 PC,而 BFRC 0.2%和 CFRC 0.1%的动态抗压强度增长因子较 PC 提高并不明显,说明钢纤维可以显著提高材料动态抗压强度相对于静态抗压强度的增幅,而玄武岩纤维和碳纤维对混凝土强度的率效应影响相对较低。

概括起来,3 种 FRC 材料的动态抗压强度均优于 PC;3 种 FRC 的动态抗压强度性能相比,相对较优的是 SFRC,其次是 BFRC,再次是 CFRC。

6.4.2 纤维混凝土高温动态压缩变形的对比分析

图 6.77 表示了不同温度和不同加载速率下 PC, SFRC 1.0%, BFRC 0.2% 和 CFRC 0.1% 的动态峰值应变之间的对比情况。

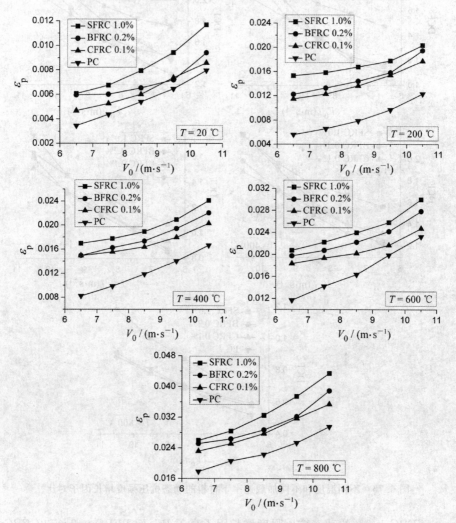

图 6.77 不同温度和不同加载速率下材料的动态峰值应变对比

由图 6.77 可见:总体上,对应于不同的加载速率和试验温度,材料的动态峰值应变从高到低依次为 SFRC 1.0%,BFRC 0.2%,CFRC 0.1% 和 PC。说明 3 种 FRC 材料的动态峰值应变均优于 PC,对 PC 动态峰值应变提高效果相对最好的纤维种类是钢纤维,其次是玄武岩纤维,然后是碳纤维。

图 6.78 表示了不同温度和不同加载速率下 PC,SFRC 1.0%,
BFRC 0.2% 和 CFRC 0.1% 的动态极限应变之间的对比情况。由图 6.78 可
见,虽然当试验温度为 20 ℃ 和 400 ℃ 时,BFRC 0.2% 在较低加载速率下的动
态极限应变要低于 CFRC 0.1%,在较高加载速率下的动态极限应变要高于
SFRC 1.0%,但从所有的加载速率范围和温度范围来看,材料的动态极限应
变最大的是 SFRC 1.0%,其次依次是 BFRC 0.2%,CFRC 0.1% 和 PC。

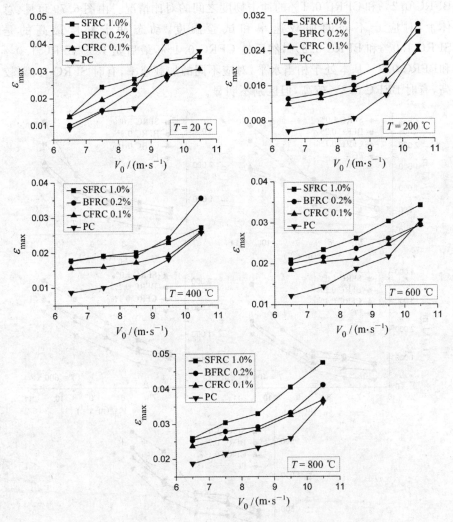

图 6.78   不同温度和不同加载速率下材料的动态极限应变对比

综上所述,3 种 FRC 材料的动态极限应变均优于 PC,对 PC 动态极限应
变提高效果最好的纤维种类是钢纤维,其次是玄武岩纤维,然后是碳纤维。

综合对动态峰值应变和极限应变的对比分析,认为 3 种 FRC 材料的动态压缩变形性能均优于 PC,对 PC 的动态压缩变形性能改善效果相对较好的纤维种类是钢纤维,其次是玄武岩纤维,然后是碳纤维。

6.4.3 纤维混凝土高温动态压缩韧性的对比分析

图 6.79 表示了不同温度和不同加载速率下 PC,SFRC 1.0%,BFRC 0.2%和 CFRC 0.1%的冲击韧度之间的对比情况。由图 6.79 可见:总体上,对应于不同的加载速率和试验温度,动态冲击韧度最高的是 SFRC 1.0%和 BFRC 0.2%,然后是 CFRC 0.1%,最后是 PC。SFRC 1.0%和 BFRC 0.2%基本处于相当水平,对应不同的加载速率,有时 SFRC 1.0%较高,有时 BFRC 0.2%较高,但区别不明显。

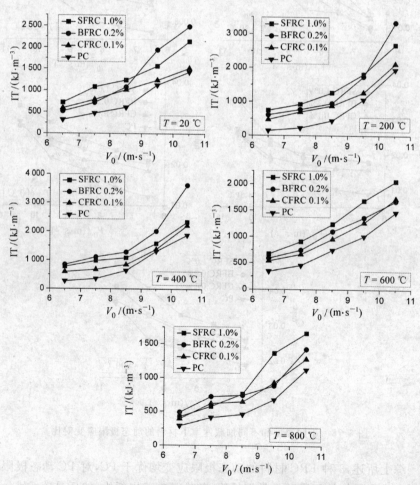

图 6.79 不同温度和不同加载速率下材料的冲击韧度的对比

图 6.80 表示了不同温度和不同加载速率下 PC，SFRC 1.0%，BFRC 0.2%和 CFRC 0.1%的冲击耗散能之间的对比情况。

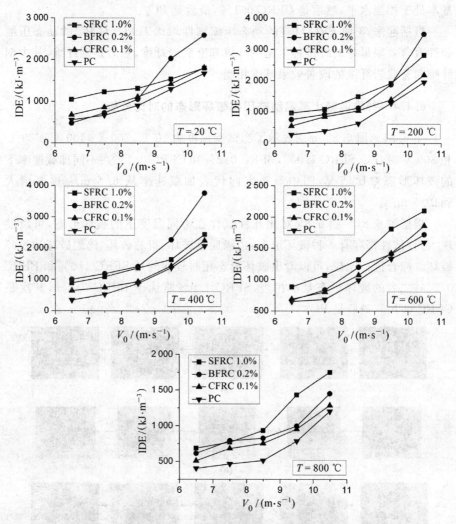

图 6.80　不同温度和不同加载速率下材料的冲击耗散能的对比

由图 6.80 可见：总体上，对应于不同的加载速率和试验温度，动态冲击耗散能较高的是 SFRC 1.0%和 BFRC 0.2%，然后是 CFRC 0.1%，最后是 PC。从所有加载速率和试验温度范围来看，SFRC 1.0%和 BFRC 0.2%相比，低加载速率下，BFRC 0.2%略低一些；高加载速率下，有时 BFRC 0.2%较高，有时 SFRC 1.0%较高，区别不明显。因此，认为 SFRC 1.0%和 BFRC 0.2%的动态冲击耗散能处于相当水平。

综合以上分析,关于动态压缩韧性的对比,大致可以得到以下结果:动态压缩韧性较好的是 SFRC 1.0%和 BFRC 0.2%,SFRC 1.0%和 BFRC 0.2%基本处于相当水平,然后是 CFRC 0.1%,最后是 PC。

概括起来,3 种 FRC 材料的动态压缩韧性均优于 PC,对 PC 的动态压缩韧性改善效果最好的纤维种类是钢纤维和玄武岩纤维,然后是碳纤维,其中钢纤维和玄武岩纤维的改善效果基本相当。

6.4.4　纤维混凝土高温动态压缩破坏形态的对比分析

图 6.81～图 6.85 分别表示了当试验温度为 20 ℃,200 ℃,400 ℃,600 ℃和 800 ℃时,PC,SFRC 1.0%,BFRC 0.2%和 CFRC 0.1%在不同加载速率下的破坏形态对比情况,图中箭头方向代表加载速率从 6.5 m/s 逐渐增大到10.5 m/s。

根据图 6.81～图 6.85 对比几种试件在不同温度下的破坏形态,可以发现,每种试件都存有 4 种破坏形态:边缘脱落破坏、留芯破坏、碎裂破坏和粉碎破坏。综合进行比较,可以看出破坏形态相对较优的是 SFRC 1.0%和 BFRC 0.2%,二者的破坏形态基本相当,SFRC 1.0%略优于 BFRC 0.2%,其次是CFRC 0.1%,最后是 PC。

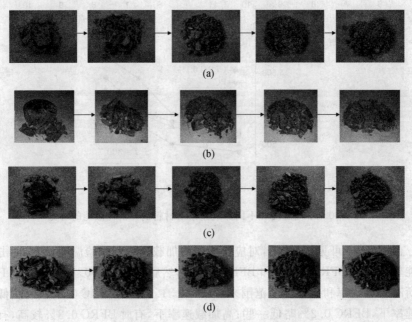

图 6.81　当试验温度为 20 ℃时,不同材料在冲击加载后破坏形态的对比情况
(a)SFRC 1.0%;　(b)BFRC 0.2%;　(c)CFRC 0.1%;　(d)PC

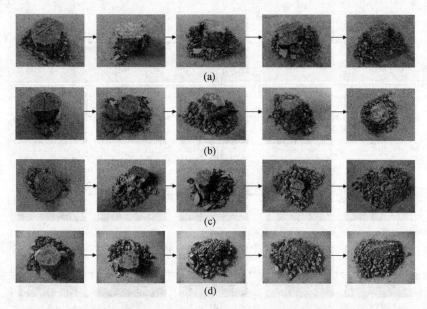

图 6.82　当试验温度为 200 ℃时,不同材料在冲击加载后破坏形态的对比情况
(a)SFRC 1.0%; (b)BFRC 0.2%; (c)CFRC 0.1%; (d)PC

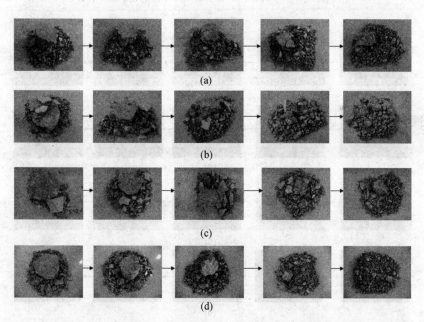

图 6.83　当试验温度为 400 ℃时,不同材料在冲击加载后破坏形态的对比情况
(a)SFRC 1.0%; (b)BFRC 0.2%; (c)CFRC 0.1%; (d)PC

图 6.84　当试验温度为 600 ℃时,不同材料在冲击加载后破坏形态的对比情况
(a)SFRC 1.0%;　(b)BFRC 0.2%;　(c)CFRC 0.1%;　(d)PC

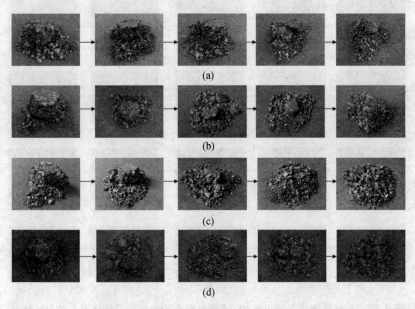

图 6.85　当试验温度为 800 ℃时,不同材料在冲击加载后破坏形态的对比情况
(a)SFRC 1.0%;　(b)BFRC 0.2%;　(c)CFRC 0.1%;　(d)PC

破坏形态的种类和试件整体破坏的严重程度可以从侧面反映试件的韧性,即试件在破坏过程中吸收能量的能力。破坏形态越严重,说明试件的脆性越高,即韧性越差。从这个意义上,对几种试件进行破坏形态对比分析得到的结果(即 SFRC 1.0％和 BFRC 0.2％相对较优,二者的破坏形态基本相当,SFRC 1.0％略优于 BFRC 0.2％,其次是 CFRC 0.1％,最后是 PC)与 6.4.3 节对材料的动态压缩韧性进行对比研究得到的结果(即动态压缩韧性较好的是 SFRC 1.0％和 BFRC 0.2％,SFRC 1.0％和 BFRC 0.2％基本处于相当水平,然后是 CFRC 0.1％,最后是 PC)是一致的。

综合前文对 3 种 FRC 和 PC 的动态抗压强度、动态压缩变形、动态压缩韧性和破坏形态的对比结果可得:3 种 FRC 的高温动态力学性能均优于 PC,它们的性能由高到低依次为 SFRC、BFRC 和 CFRC。

6.5　纤维混凝土高温动态压缩力学特性变化机理分析

6.5.1　温度强弱化效应机理研究

根据试验结果,随着温度从常温增加到 800 ℃,FRC 的动态抗压强度均表现出先增大后减小的变化趋势。从常温到 200 ℃范围内,动态抗压强度逐渐升高;200 ℃以后,强度逐渐下降;400 ℃以后,开始低于常温下的动态抗压强度,并迅速减小;600 ℃以后开始低于常温下的静态抗压强度;到 800 ℃时强度已变得很小。总体来看,在 200 ℃以前,以温度强化效应为主,200 ℃以后则以温度弱化效应为主。以上试验结果与 FRC 材料的微观结构随温度和加载速率的变化有着密切联系。

(1)常温～200 ℃之间,混凝土内的自由水逐渐蒸发,试件内部形成毛细裂缝和孔隙,缝隙中的水和水汽因温度升高而增压,对周围固体介质产生张力;冲击荷载对毛细裂缝和孔隙产生压实作用,使微观结构变得致密。温度和冲击荷载共同作用使混凝土材料的动态抗压强度有所提高。

(2)200～400 ℃之间,一方面,试件内的自由水已蒸发,混凝土内的粗骨料与水泥浆体的温度膨胀系数不等,温度变形差使骨料界面上形成裂缝,削弱了混凝土的抗压强度;另一方面,水泥凝胶体中的结合水开始脱出,增强了水泥颗粒的胶合作用,缓和了缝端的应力集中,有利于混凝土强度的提高。这些相互矛盾的因素和冲击荷载共同作用,使混凝土材料的动态抗压强度逐渐下降,但仍大于常温下动态抗压强度。

(3)400～600 ℃之间,骨料和水泥浆体的变形差继续加大,界面裂缝继续开展和延伸,同时水泥水化生成的氢氧化钙等水化产物脱水,导致体积膨胀,促使裂缝扩展。这些因素和冲击荷载共同作用,造成强度加速下降,但仍大于常温下静态抗压强度。

(4)600~800 ℃之间,此时未水化的水泥颗粒和骨料中的石英成分形成晶体,伴随着膨胀,骨料内部开始产生裂缝并随温度升高而扩展,同时由于内部损伤的不断发展和积累,使得强度迅速减小。这些因素和冲击荷载共同作用,使强度迅速降至常温下静态抗压强度以下,且远小于常温下相应的动态抗压强度。

(5)800 ℃以后,强度继续大幅降低,已变得很小,主要是因为此时混凝土内部微观结构已变得松散,强度大量损失。

根据以上分析,高温作用引起混凝土的强度损失和变形性能恶化,其主要原因:①水分蒸发后形成内部裂缝和孔隙;②粗骨料与水泥浆体的热工性能不一致,产生变形差和内应力,在界面形成裂缝;③粗骨料本身受热膨胀破裂等。这些内部损伤随温度的提高而不断地发展和积累,更趋严重。由于上述混凝土材料的动态抗压强度随温度的变化规律是温度和加载速率共同作用的结果,所以与已有关于混凝土材料静态抗压强度随温度的变化规律[120,140]的研究略有不同。

值得注意的是,试验结果显示,在 400 ℃以前,材料在高温下的动态抗压强度高于常温下的动态抗压强度;在 400 ℃以后,高温下的动态抗压强度逐渐小于常温下的动态抗压强度。已有研究亦有类似结果,例如过镇海、时旭东[120]指出:静力条件下,当温度在 200~300 ℃时,混凝土强度有可能超过常温强度,原因估计是水泥凝胶体内的结合水脱出加强了胶合作用和缓和缝端的应力集中,在 400 ℃以后,强度急剧下降。他们还提出[140]:当温度在 200~300 ℃时,由于多种因素相互作用,使混凝土抗压强度在这一温度区段内有所回升,后又下降,变化复杂;静载作用下,当应变相等,且数值较大时,低温试件已进入应力下降段,而高温试件尚处于上升段或平缓的下降段,其承载力可能超过前者。

在冲击荷载和高温共同作用下,由于温度和加载速率的共同影响,得到"在 400 ℃以前,高温下的动态抗压强度高于常温下的动态抗压强度;400 ℃以后,高温下的动态抗压强度逐渐小于常温下的动态抗压强度"的试验结果是正常的,其原因应该是温度和加载速率对混凝土微观结构共同作用产生的影响。高温动态条件下混凝土强度的影响因素较多,变化机理十分复杂,更详细、具体的解释尚有待于对冲击荷载和温度共同作用下混凝土微、宏观力学性能及变化机理进行更深入的研究。

6.5.2　动态抗压力学特性对比结果机理研究

根据对比结果,3 种 FRC 的高温动态力学性能均优于 PC。总体上,性能由高到低的 FRC 依次为 SFRC,BFRC 和 CFRC。有两个问题值得探讨:①钢纤维、玄武岩纤维或者碳纤维在素混凝土中的掺入可以提高混凝土在高温条件下的抗冲击力学性能,其作用机理如何? ②3 种纤维相比较,钢纤维对混凝土在高温条件下的抗冲击力学性能的改善效果最好,其次是玄武岩纤维,最后是碳纤维,这跟 3 种纤维的作用机理有怎样的联系?

关于第一个问题,钢纤维、玄武岩纤维或者碳纤维的掺入可以提高混凝土在高温条件下的抗冲击力学性能,其作用机理可从以下两个方面进行解释:

(1)纤维掺入混凝土中可以提高其抗冲击性能。主要是因为纤维掺入混凝土中可以提高其韧性,韧性的提高使得当其受到冲击时,纤维混凝土较素混凝土能更好地积蓄冲击带来的能量,使能量慢慢地释放,这比能量释放过快而造成的破坏要小得多。而且,混凝土中掺入纤维后,当混凝土破坏时纤维仍然具备一定的荷载传递功能,这也对提高混凝土的抗冲击性能有利。

(2)高温条件下,纤维仍然能发挥出自身的力学特性。本书采用的铣削型钢纤维、短切玄武岩纤维和短切碳纤维的工作温度都能在 500 ℃以上,熔点都在 1 000 ℃以上,甚至更高。因此,纤维对混凝土的阻裂、增强和增韧作用在 500 ℃以前可以得到保持,在 500 ℃以后,这种阻裂、增强和增韧作用随着温度的增加会越来越弱,但在 800 ℃以前,纤维仍能保持部分阻裂、增强和增韧作用,从而提高了混凝土在高温条件下的抗冲击性能。玄武岩纤维和碳纤维在混凝土中难以用肉眼发现,但钢纤维却可以明显看到。在试验中发现,即使历经800 ℃的高温,钢纤维仍能保持原来的形状,虽然表面已经氧化变黑,但仍有一定强度,这也说明了纤维在 800 ℃以前仍能起到一定的阻裂、增强和增韧作用。

关于第二个问题,钢纤维对混凝土在高温条件下的抗冲击力学性能的改善效果最好,其次是玄武岩纤维,最后是碳纤维。这主要跟 3 种不同纤维的作用机理有关。

根据纤维增强的复合材料理论和间距理论,在纤维增强水泥基复合材料中,纤维能否同时起到阻裂、增强和增韧三方面的作用,或只起到其中两方面或单一作用,就纤维本身而论,主要取决于纤维品种、纤维分散均匀性、纤维长度与长径比、纤维的体积率、纤维取向和纤维外形与表面状况等。水泥基体在纤维增强水泥基复合材料中主要起着黏结纤维、承受外压和传递应力的作用,影响水泥基体作用效果的主要因素是它本身的组成,包括原料性能与组成,水灰比等因素。

此处给出的钢纤维、玄武岩纤维和碳纤维对混凝土的高温动态力学性能的增强作用,也受纤维特性和基体组成特性等多种因素的影响。从高温动态试验结果来看,3 种纤维都能提高混凝土的高温动态压缩力学性能,但由于纤维种类和掺量不同,导致增强效果也不同,这跟纤维材料在混凝土中的作用机理是一致的。

6.6　纤维混凝土性价比的对比分析

材料的成本或性价比是其应用于工程必须考虑的一个重要因素。根据试验配比,对钢纤维混凝土(SFRC 1.0%)、玄武岩纤维混凝土(BFRC 0.2%)、碳纤维混凝土(CFRC 0.1%)和素混凝土(PC)的经济成本进行估算。

混凝土基体的配合比见表 6.5,3 种纤维的成本见表 6.6。由表 6.6 可见,碳纤维的经济成本最高,其次是钢纤维,最后是玄武岩纤维。

表 6.5　混凝土配合比　　　　　　　单位:kg/m³

水泥	硅灰	粉煤灰	砂	碎石	水	FDN
375	25	125	690	1 030	180	5

表 6.6　3 种纤维的经济成本对比

纤维种类	密度 kg/m	体积掺量	掺量 kg/1 000L 混凝土	价格 元/kg	成本 元/1 000L 混凝土
钢纤维(铣削型)	7 850	1.0%	78.5	约 7.5	约 588.75
短切玄武岩纤维	2 650	0.2%	5.3	约 31	约 164.3
碳纤维	1 760	0.1%	1.76	约 420	约 739.2

根据对 3 种纤维混凝土高温动态压缩力学性能的对比结果和成本可知:性价比最高的纤维混凝土材料当属玄武岩纤维混凝土(BFRC),其次是钢纤维混凝土(SFRC),最后是碳纤维混凝土(CFRC)。

6.7　小　　结

本章利用第 3 章提出的由自主研制的温控系统和 Φ100 mm SHPB 装置组装的高温 SHPB 试验系统,采用经过论证的试验技术,分别对素混凝土(PC)、钢纤维混凝土(SFRC,纤维体积掺量为 0.4%,0.7% 和 1.0%)、玄武岩纤维混凝土(BFRC,纤维体积掺量为 0.1%,0.2% 和 0.3%)和碳纤维混凝土(CFRC,纤维体积掺量为 0.1%,0.2% 和 0.3%)的高温动态压缩力学性能展开研究,试验温度分别为常温(20 ℃),200 ℃,400 ℃,600 ℃ 和 800 ℃,加载速率分别为 6.5 m/s,7.5 m/s,8.5 m/s,9.5 m/s 和 10.5 m/s。试验得到材料的高温动态应力-应变曲线,分别从动态抗压强度、动态压缩变形和动态压缩韧性 3 个方面对 SFRC,BFRC 和 CFRC 的高温动态力学性能的变化规律及其影响因素进行了深入分析和研究,并对 FRC 高温动态力学性能的变化机理也进行了详细论述,得到以下重要结论:

(1)FRC 的高温动态力学性能受加载速率和试验温度的共同影响,体现在其动态抗压强度、动态压缩变形和动态压缩韧性均同时具有加载速率效应和温度效应,其破坏形态受加载速率和试验温度的共同影响。

(2)对于 FRC 的高温动态抗压强度而言,加载速率强化效应和温度强弱化效应同时存在;加载速率越大,则强度越高。在 200 ℃ 以前,以温度强化效应为主;200 ℃ 以后则以温度弱化效应为主;400 ℃ 以后,开始低于常温下的动态抗压强度;600 ℃ 以后开始低于常温下的静态抗压强度;800 ℃ 时强度已变得很小。

(3)对于 FRC 的高温动态压缩变形而言,动态峰值应变的加载速率强化效应和温度强化效应同时存在;动态极限应变的加载速率强化效应和温度弱强化效应同时存在。在 200 ℃ 以前,以温度弱化效应为主;在 200 ℃ 以后,以温度强化效应为主。

(4)对于 FRC 的高温动态压缩韧性而言,加载速率强化效应和温度强弱化效应同时存在;加载速率越高,则韧性越高。加载速率和纤维体积掺量对温度效应的变化趋势有一定影响。

(5)钢纤维、玄武岩纤维和碳纤维的加入能有效改善 PC 的高温动态力学性能,包括动态抗压强度、动态压缩变形和动态压缩韧性。总体来看,钢纤维的最佳体积掺量为 1.0%;玄武岩纤维的最佳纤维体积掺量是 0.2%;碳纤维的最佳掺量为 0.1%。

(6)对应于不同的加载速率和试验温度,动态抗压强度从高到低的 FRC 材料依次为钢纤维混凝土(SFRC)、玄武岩纤维混凝土(BFRC)和碳纤维混凝土(CFRC);动态压缩变形从高到低的材料依次为钢纤维混凝土(SFRC)、玄武岩纤维混凝土(BFRC)和碳纤维混凝土(CFRC);动态压缩韧性相对较优的是钢纤维混凝土(SFRC)和玄武岩纤维混凝土(BFRC),二者基本相当,其次是碳纤维混凝土(CFRC);高温动态破坏形态相对较优的是钢纤维混凝土

(SFRC)和玄武岩纤维混凝土(BFRC),SFRC 略优于 BFRC,其次是碳纤维混凝土(CFRC)。

(7)总体来看,3 种 FRC 的高温动态力学性能均优于 PC,它们的性能由高到低依次为钢纤维混凝土(SFRC)、玄武岩纤维混凝土(BFRC)和碳纤维混凝土(CFRC)。

(8)基于试验结果进行的 3 种 FRC 的性价比对比表明,性价比最高的材料是玄武岩纤维混凝土(BFRC),其次是钢纤维混凝土(SFRC),最后是碳纤维混凝土(CFRC)。

第7章 纤维混凝土的动态本构模型及应用算例

7.1 引　言

混凝土材料的本构关系模型对钢筋混凝土结构设计和非线性分析有重大影响。所谓混凝土的本构关系主要是表达混凝土在作用力下的应力-应变关系。混凝土的受压应力-应变全曲线包括上升段和下降段,是其力学性能的全面宏观反应。混凝土的受压应力-应变曲线方程既是其最基本的本构关系,又是多轴本构模型的基础,在钢筋混凝土结构非线性分析中,例如构件的截面刚度、截面极限应力分布、承载力和延性,超静定结构的内力和全过程分析等过程中,它是不可或缺的物理方程,对计算结果的准确性起决定性作用。

在建立混凝土的本构关系时往往基于已有的理论框架,再针对混凝土的力学特性,确定甚至适当调整本构关系中的各种所需材料参数。根据《混凝土结构设计规范》(GB50010-2010),混凝土的本构关系可采用下列方法确定:①制作试件并通过试验测定;②选择合理形式的数学模型,由试验标定其中所需的参数值;③采用经过试验验证或工程经验证明可用的数学模型。

本书关于 FRC 的高温动态本构模型的构建,主要按照上述规范建议的方法①进行,即制作试件并通过试验测定。首先进行了材料的高温动态试验研究,然后在试验基础上,构建合理的数学模型,由试验数据标定其中的参数值,最后进行算例应用,验证所建立本构模型的合理性。

本章在试验的基础上,对纤维混凝土,包括素混凝土(PC)、钢纤维混凝土(SFRC)、玄武岩纤维混凝土(BFRC)和碳纤维混凝土(CFRC)的高温动态本构关系展开研究,旨在建立一种能够合理描述纤维混凝土高温动态压缩力学行为的本构模型,并运用建立的本构模型来计算纤维混凝土在不同温度和加载速率下的应力-应变关系,为纤维混凝土的工程设计和应用提供重要指导依据。首先对混凝土类材料高温动态本构模型的构建方法进行研究,确定本书拟采用的建模方法,其次建立不同温度和加载速率下 FRC 力学性能的加载速率-温度耦合力学模型,并通过对大量试验数据进行数值拟合得到耦合力学模型中的参数,确定加载速率-温度耦合力学方程,最后利用得到的耦合力学方程,按照拟定的建模方式,构建 FRC 的高温动态本构模型,确定模型参数,并进行算例应用。

7.2 混凝土材料高温动态本构建模方法研究

7.2.1 混凝土材料动态本构方程的一般形式

建立混凝土的动态本构模型首先要清楚其物理力学特性,混凝土的主要材料特性:①非均匀材料;②具有拉压强度不等、侧压影响强度、静水压影响屈服等特点。除此之外,混凝土还具有下列重要特征:①混凝土是率敏感材料,具有加载率、应变率等影响其强度的动力特征;②其非线性主要是由于内部微缺陷的发展以至宏观裂缝的形成并开展,非线性变形不可逆,是耗散型材料。

混凝土动态本构所能表达的主要特征是能够反映属于耗散型材料的混凝土的率敏感性、动力损伤产生和演化。混凝土材料特征和受作用情况决定了本构方程形式还受到历史、加载速率、外界其他环境变量(如温度等)以及应力-应变(诱发各向异性)的影响。混凝土动力损伤本构方程一般表述为

$$f(\sigma_{ij}, \dot{\sigma}_{ij}, \varepsilon_{ij}, \dot{\varepsilon}_{ij}, T, q, \theta, \alpha, t) = 0 \tag{7.1}$$

式中　$\dot{\sigma}_{ij}$ —— 应力率;

　　　$\dot{\varepsilon}_{ij}$ —— 应变率;

　　　T —— 本构中的温度影响;

　　　q —— 热流密度;

　　　θ —— 材料性质主轴在整体坐标中的方向;

　　　α —— 影响本构方程的其他量(如内变量);

　　　t —— 时间。

7.2.2 常见混凝土动态本构模型建立方法简析

混凝土材料在冲击载荷作用下动态本构模型的建立是一项非常复杂的工作,相关基础理论多且复杂,有的还涉及复杂的力学机制,要建立一个普遍接受、兼容并包的本构模型是相当困难,也是不太现实的。常见的混凝土动力本构模型的建立方法:在静态本构模型基础上修正而来的本构模型;在黏弹性理论基础上建立的本构模型;在黏塑性理论基础上建立的本构模型;在损伤理论基础上建立的本构模型。这几种本构模型主要基于不同理论建立,构建方式各有不同。

基于黏弹性、黏塑性理论建立的模型一般都是利用原理论的概念、原理和方法,对混凝土的基本性能做出简化假设,推导出相应的计算式,其中所需参数值由少量试验结果加以标定或直接给定,为了使理论模型能适合于性质复杂的混凝土材料,很多时候不得不建立形式繁复、数量众多的计算式,式中引

入的参数数量可观,使得计算的难度和工作量很大,参数也难以标定,而且所得计算结果的有效精度提高有限,仍不能完全符合不同应力状态和不同受力条件下混凝土的力学性能[141]。这类模型至今仍处于探索和发展阶段,离工程实际应用有较大距离,有待继续深入和改进。

　　而基于静态本构模型的修正,在静态本构模型的基础上考虑应变率、加载速率、损伤等因素的影响对其进行修改以构造混凝土的动态本构模型,或用数据拟合的方法构造混凝土动态本构模型,是一种简单而且实用的方法。利用这种方法建立的本构模型被称为混凝土经验型动力本构模型。混凝土经验型动力本构模型是主要基于试验数据,简单由静态本构演化而成的一类本构。由于这类本构不涉及复杂基础理论和力学机制,所以推演和形式一般较简单,且忠于试验数据,拟合效果较好。因此,这种方式得到较广泛运用,很多学者采用它来建立混凝土的动力本构模型[142-149]。

　　目前,在对混凝土动态变形机理的研究尚不成熟的情况下,这种无需严密理论推导,基于试验结果在静态本构模型的基础上进行修正提出的经验型动态本构模型,被工程界广泛接受。

7.2.3　纤维混凝土(FRC)材料高温动态本构模型的构建方式

　　本书研究的 FRC 的高温动态本构关系主要是表达 FRC 在不同加载速率和不同温度下的单轴应力-应变关系,直接构建 FRC 的高温动态本构模型面临很多困难。因此,通过前文对常用混凝土动态本构模型及其构建方式的分析,选择基于高温冲击试验结果,在现有混凝土静态本构模型的基础上进行修正的方法来构建 FRC 的高温动态本构模型。

　　根据 FRC 的高温动态压缩试验结果,FRC 材料在不同加载速率和温度作用下的力学响应主要包括加载速率效应和温度效应,对应于每一个加载速率和试验温度,其力学响应都是加载速率和试验温度共同作用的结果。这种力学响应实际上是一种加载速率和试验温度的耦合效应,相关的力学性能模型也是加载速率-温度耦合力学模型。

　　因此,基于试验数据,在静态本构模型的基础上,通过合理方式引入加载速率-温度耦合效应,就可以构成 FRC 的经验型高温动态本构模型。这种构建方式的特点是无需严密的理论推导,概念清晰,形式简单,基于试验结果,简单而实用。模型构建好以后,可运用理论模型计算应力和应变,并与试验结果进行对比,确保所建本构模型能正确反映各因素的影响。拟构建的经验型高温动态本构模型用方程可表示为

$$\sigma = f(\varepsilon, V_0, T, V_f) \tag{7.2}$$

式中　σ, ε——分别为 FRC 在不同加载速率和温度下的动态压缩应力和应变;

V_0——加载速率；

T——试验温度；

V_f——纤维体积掺量。

由式(7.2)可见,在混凝土静态本构模型的基础上,通过引入加载速率-温度耦合效应来构建 FRC 的经验型动态本构模型的关键在于用于修正的静态本构模型的选择和加载速率-温度耦合力学方程的确定,难点在于加载速率-温度耦合力学方程的确定。

7.3 纤维混凝土的加载速率-温度耦合力学模型

7.3.1 加载速率-温度耦合力学模型的基本方程

一般情况下,动态抗压强度和动态峰值应变是本构模型中最重要的两个参数,因此,必须针对动态抗压强度和动态峰值应变建立加载速率-温度耦合力学模型的基本方程,并通过试验数据拟合得到方程的具体表达式。

根据试验结果,影响 FRC 动态抗压强度和动态峰值应变的主要因素有加载速率、试验温度和纤维体积掺量。令

$$\left.\begin{array}{l} f_{cd} = f_{cd}(V_0, T, V_f) \\ \varepsilon_p = \varepsilon_p(V_0, T, V_f) \end{array}\right\} \tag{7.3}$$

式中 f_{cd}, ε_p——分别为高温下 FRC 的动态抗压强度和动态峰值应变；

V_0——加载速率；

T——试验温度；

V_f——纤维体积掺量。

式(7.3)即为 FRC 动态抗压强度和动态峰值应变的加载速率-温度耦合力学模型的基本方程。

7.3.2 素混凝土(PC)的加载速率-温度耦合力学方程

7.3.2.1 动态抗压强度

由于 PC 与纤维体积掺量无关,其动态抗压强度的加载速率-温度耦合力学模型的基本方程为

$$f_{cd} = f_{cd}(V_0, T) \tag{7.4}$$

式中 f_{cd}——高温下动态抗压强度；

V_0——加载速率；

T——试验温度。

根据 PC 的动态抗压强度随加载速率的变化趋势,对试验数据进行二次多项式拟合计算,如图 7.1 所示,可见拟合效果较好。拟合得到的参数取值见

表 7.1,函数表达式为

$$f_{cd} = S_1 + S_2 V_0 + S_3 V_0^2 \qquad (7.5)$$

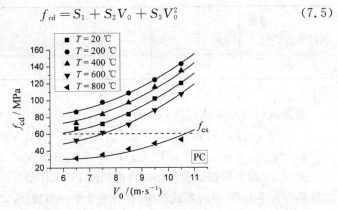

图 7.1　对 PC 的 f_{cd} 的二次多项式拟合

表 7.1　对 PC 的动态抗压强度进行二次多项式拟合得到的参数

参数 试件种类	$T/\ ℃$	S_1	S_2	S_3
PC	20	95.50	16.5	1.8
	200	118.66		
	400	107.59		
	600	82.85		
	800	85.97		1.37

由表 7.1 可见,参数 S_2 和 S_3 都是定值,只有参数 S_1 随温度改变而变化。进一步对 S_1 随温度的变化趋势进行数值拟合计算,如图 7.2 所示,拟合效果较好。拟合得到的参数取值见表 7.2,函数表达式为

$$S_1 = t_1 + t_2 T + t_3 T^2 + t_4 T^3 \qquad (7.6)$$

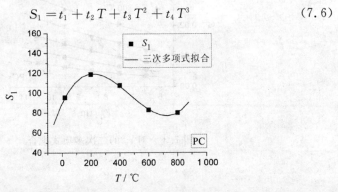

图 7.2　对参数 S_1 的三次多项式拟合

表 7.2　对参数 S_1 进行三次多项式拟合得到的参数

参数 试件种类	t_1	t_2	t_3	t_4
PC	89.61	0.30	-9.13×10^{-4}	$6.46 \times^{-7}$

联立式(7.4) ~ 式(7.6),则有

$$f_{cd} = f_{cd}(V_0, T) = f\{V_0[T]\} = S_1(T) + S_2 V_0 + S_3 V_0^2 =$$
$$t_1 + t_2 T + t_3 T^2 + t_4 T^3 + S_2 V_0 + S_3 V_0^2 \tag{7.7}$$

式(7.7)即为根据试验数据拟合得到的 PC 试件动态抗压强度的加载速率-温度耦合力学方程,方程形式简单,含有 6 个唯一参数:$S_2, S_3, t_1, t_2, t_3, t_4$,且这 6 个参数都可通过拟合试验数据得到,6 个参数的取值参见表 7.1 和表7.2。

7.3.2.2　动态压缩峰值应变

PC 的动态压缩峰值应变的加载速率-温度耦合力学模型的基本方程为

$$\varepsilon_p = \varepsilon_p(V_0, T) \tag{7.8}$$

式中　ε_p —— 高温下动态压缩峰值应变;

　　　V_0 —— 加载速率;

　　　T —— 试验温度。

根据 PC 的动态压缩峰值应变随加载速率的变化趋势,对数据进行二次多项式拟合计算,如图 7.3 所示,可见拟合效果较好。拟合得到的参数取值见表7.3,函数表达式为

$$\varepsilon_p = S_4 + S_5 V_0 + S_6 V_0^2 \tag{7.9}$$

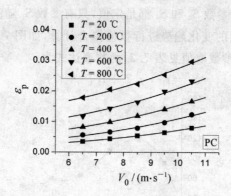

图 7.3　对 ε_p 的二次多项式拟合

表 7.3　对 PC 的动态压缩峰值应变进行二次多项式拟合得到的参数

参数 试件种类	$T/℃$	S_4	S_5	S_6
PC	20	0.002 77	$-0.000\ 5$	9×10^{-5}
	200	0.003 23		1.3×10^{-4}
	400	0.005		1.5×10^{-4}
	600	0.007 96		1.8×10^{-4}
	800	0.012 8		2×10^{-4}

由表 7.3 可见,只有参数 S_5 是定值,参数 S_4 和 S_6 随温度改变而变化。进一步对 S_4 和 S_6 随温度的变化趋势进行数值拟合计算,如图 7.4 和图 7.5 所示,拟合效果较好。拟合得到的参数取值见表 7.4,函数表达式为

$$S_4 = t_5 + t_6 T + t_7 T^2 \tag{7.10}$$

$$S_6 = t_8 + t_9 T + t_{10} T^2 \tag{7.11}$$

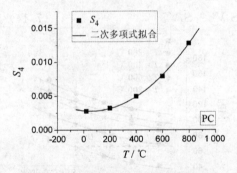

图 7.4　对参数 S_4 的二次多项式拟合　　　图 7.5　对参数 S_6 的二次多项式拟合

表 7.4　对参数 S_4 和 S_6 进行数值拟合得到的参数

参数 试件种类	t_5	t_6	t_7	t_8	t_9	t_{10}
PC	0.002 85	-1.97×10^{-6}	1.79×10^{-8}	8.85×10^{-5}	1.91×10^{-7}	-6.55×10^{-11}

联立式(7.8) ~ 式(7.11),则有

$$\varepsilon_p = \varepsilon_p(V_0, T) = f\{V_0[T]\} = S_4 + S_5 V_0 + S_6 V_0^2 =$$
$$t_5 + t_6 T + t_7 T^2 + S_5 V_0 + (t_8 + t_9 T + t_{10} T^2)V_0^2 \tag{7.12}$$

式(7.12)即为根据试验数据拟合得到的 PC 试件动态峰值应变的加载速

率-温度耦合效应力学方程,方程形式简单,含有 7 个唯一参数:S_5,t_5,t_6,t_7,t_8,t_9 和 t_{10},且这 7 个参数都可由试验数据拟合得到,7 个参数的取值参见表 7.3 和表 7.4。

7.3.3　钢纤维混凝土(SFRC)的加载速率-温度耦合力学方程

7.3.3.1　动态抗压强度

SFRC 的动态抗压强度的加载速率-温度耦合力学模型的基本方程为

$$f_{cd} = f_{cd}(V_0, T, V_f) \tag{7.13}$$

式中　f_{cd}——高温下动态抗压强度;

　　　V_0——加载速率;

　　　T——试验温度;

　　　V_f——纤维体积掺量。

根据 SFRC 的动态抗压强度随加载速率的变化趋势,对试验数据进行二次多项式拟合计算,如图 7.6 所示,可见拟合效果较好。拟合得到的参数取值见表 7.5,函数表达式为

$$f_{cd} = S_1 + S_2 V_0 + S_3 V_0^2 \tag{7.14}$$

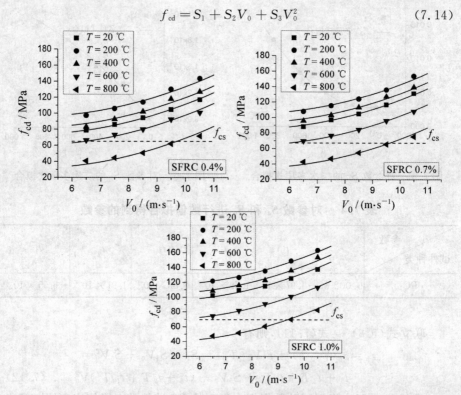

图 7.6　对 SFRC 的 f_{cd} 的二次多项式拟合

表 7.5　对 SFRC 的动态抗压强度进行二次多项式拟合得到的参数

参数 试件种类	$V_f/(\%)$	$T/℃$	S_1	S_2	S_3
SFRC	0.4	20	96.36	-10.5	1.2
		200	118.35		
		400	104.72		
		600	82.71		
		800	54.13		
	0.7	20	107.61		
		200	127.48		
		400	115.78		
		600	86.95		
		800	57.11		
	1.0	20	118.05		
		200	139.41		
		400	127.62		
		600	92.32		
		800	62.61		

　　由表 7.5 可见,参数 S_2 和 S_3 都是定值,只有参数 S_1 随温度改变而变化。进一步对 S_1 随温度的变化趋势进行数值拟合计算,如图 7.7 所示,拟合效果较好,拟合得到的参数取值见表 7.6,函数表达式为

$$S_1 = t_1 + t_2 T + t_3 T^2 + t_4 T^3 \tag{7.15}$$

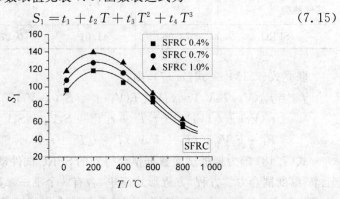

图 7.7　对参数 S_1 的三次多项式拟合

表 7.6   对参数 S_1 进行三次多项式拟合得到的参数

参数 试件种类	$V_f/(\%)$	t_1	t_2	t_3	t_4
SFRC	0.4	90.41	0.26	-7×10^{-4}	3.95×10^{-7}
	0.7	102.57	0.25		
	1.0	115.01	0.24		

表 7.6 中,参数 t_3 和 t_4 都是定值,只有参数 t_1 和 t_2 随纤维体积掺量 V_f 改变而变化,对参数 t_1 和 t_2 进行进一步数值拟合,如图 7.8 和图 7.9 所示,拟合效果较好。拟合得到的参数取值见表 7.7,函数表达式为

$$t_1 = F_1 + F_2 V_f \qquad (7.16)$$
$$t_2 = F_3 + F_4 V_f \qquad (7.17)$$

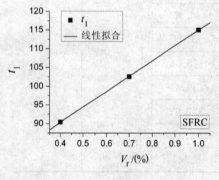

图 7.8   对参数 t_1 的线性拟合

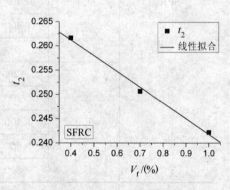

图 7.9   对参数 t_2 的线性拟合

表 7.7   对参数 t_1 和 t_2 进行数值拟合得到的参数

参数 试件种类	F_1	F_2	F_3	F_4
SFRC	73.96	41.01	0.27	$-0.032\,42$

联立式(7.13)～式(7.17),则有

$$f_{cd} = f_{cd}(V_0, T, V_f) = f\{V_0[T(V_f)]\} = S_1(T, V_f) + S_2 V_0 + S_3 V_0^2 =$$
$$t_1(V_f) + t_2(V_f)T + t_3 T^2 + t_4 T^3 + S_2 V_0 + S_3 V_0^2 =$$
$$F_1 + F_2 V_f + (F_3 + F_4 V_f)T + t_3 T^2 + t_4 T^3 + S_2 V_0 + S_3 V_0^2 \quad (7.18)$$

式(7.18)即为根据试验数据拟合得到的 SFRC 试件动态抗压强度的加载速率-温度耦合力学方程,方程形式简单,含有 8 个唯一参数:S_2,S_3,t_3,t_4,F_1,F_2,F_3 和 F_4,且这 8 个参数都可由试验数据拟合得到,8 个参数的取值参见表

7.6 和表 7.7。

7.3.3.2　动态压缩峰值应变

SFRC 的动态压缩峰值应变的加载速率-温度耦合力学模型的基本方程为

$$\varepsilon_p = \varepsilon_p(V_0, T, V_f) \tag{7.19}$$

式中　ε_p——高温下动态峰值应变；

　　　V_0——加载速率；

　　　T——试验温度；

　　　V_f——纤维体积掺量。

根据 SFRC 的动态压缩峰值应变随加载速率的变化趋势，对数据进行二次多项式拟合计算，如图 7.10 所示，拟合效果较好。拟合得到的参数取值见表 7.8，函数表达式为

$$\varepsilon_p = S_4 + S_5 V_0 + S_6 V_0^2 \tag{7.20}$$

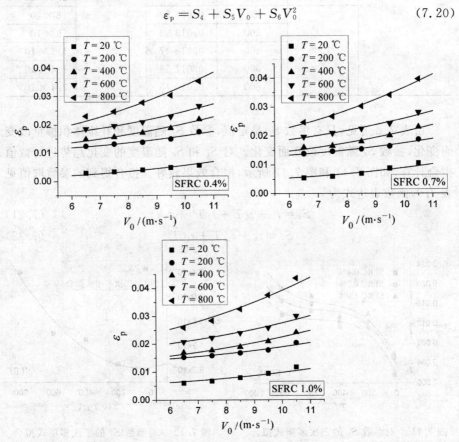

图 7.10　对 SFRC 的 ε_p 的二次多项式拟合

表 7.8   对 SFRC 的动态压缩峰值应变进行二次多项式拟合得到的参数

材料种类 \ 参数	$V_f/(\%)$	$T/\,℃$	S_4	S_5	S_6
SFRC	0.4	20	0.001 62		8×10^{-5}
		200	0.011 06		9×10^{-5}
		400	0.011 42		1.3×10^{-4}
		600	0.014 71		1.4×10^{-4}
		800	0.013 83		2.4×10^{-4}
	0.7	20	0.005		8×10^{-5}
		200	0.012 53		9×10^{-5}
		400	0.012 48	$-0.000\,4$	1.3×10^{-4}
		600	0.016 09		1.4×10^{-4}
		800	0.016 7		2.4×10^{-4}
	1.0	20	0.005 82		8×10^{-5}
		200	0.013 93		9×10^{-5}
		400	0.013 47		1.3×10^{-4}
		600	0.017 56		1.4×10^{-4}
		800	0.019 15		2.4×10^{-4}

由表 7.8 可见,只有参数 S_5 是定值,参数 S_4 随温度和纤维体积掺量改变而变化,参数 S_6 随温度改变而变化。对 S_4 和 S_6 随温度的变化趋势进行数值拟合计算,如图 7.11 和图 7.12 所示,拟合效果较好。拟合得到的参数取值见表 7.9,函数表达式为

$$S_4 = t_5 + t_6 T + t_7 T^2 + t_8 T^3 \tag{7.21}$$

$$S_6 = t_9 + t_{10} T + t_{11} T^2 \tag{7.22}$$

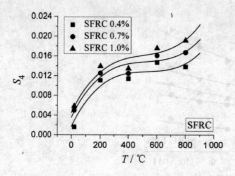

图 7.11   对参数 S_4 的三次多项式拟合

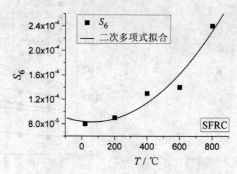

图 7.12   对参数 S_6 的二次多项式拟合

表 7.9　对参数 S_4 和 S_6 进行数值拟合得到的参数

材料种类 ＼ 参数	$V_f/(\%)$	t_5	t_6	t_7	t_8	t_9	t_{10}	t_{11}
SFRC	0.4	0.001 71	0.000 06	-1.1×10^{-7}	6.86×10^{-11}	8.42×10^{-5}	-3.37×10^{-8}	2.27×10^{-10}
	0.7	0.003 55			6.98×10^{-11}			
	1.0	0.004 54			7.26×10^{-11}			

由表 7.9 可见,除了参数 t_5 和 t_8 随钢纤维体积掺量 V_f 变化以外,其他参数都是定值,对参数 t_5 和 t_8 进行数值拟合,如图 7.13 和图 7.14 所示,拟合得到的参数取值见表 7.10,函数表达式为

$$t_5 = F_5 + F_6 V_f + F_7 V_f^2 \tag{7.23}$$
$$t_8 = F_8 + F_9 V_f + F_{10} V_f^2 \tag{7.24}$$

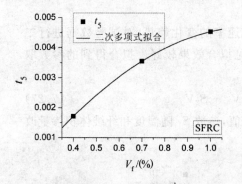

图 7.13　对参数 t_5 的二次多项式拟合　　图 7.14　对参数 t_8 的二次多项式拟合

表 7.10　对参数 t_5 和 t_8 进行数值拟合得到的参数

试件种类 ＼ 参数	F_5	F_6	F_7	F_8	F_9	F_{10}
SFRC	$-0.002\ 07$	0.011 33	$-0.004\ 72$	6.94×10^{-11}	-5.40×10^{-12}	8.54×10^{-13}

联立式(7.19)～式(7.24),则有

$$\varepsilon_p = \varepsilon_p(V_0, T, V_f) = f\{V_0[T(V_f)]\} = S_4(T, V_f) + S_5 V_0 + S_6(T)V_0^2 =$$
$$t_5(V_f) + t_6 T + t_7 T^2 + t_8(V_f)T^2 + S_5 V_0 + (t_9 + t_{10}T + t_{11}T^2)V_0^2 =$$

$$F_5 + F_6V_f + F_7V_f^2 + t_6T + t_7T^2 + (F_8 + F_9V_f + F_{10}V_f^2)T^2 +$$
$$S_5V_0 + (t_9 + t_{10}T + t_{11}T^2)V_0^2 \qquad (7.25)$$

式(7.25)即为根据试验数据拟合得到的 SFRC 试件动态峰值应变的加载速率-温度耦合力学方程,方程形式简单,含有 12 个唯一参数: S_5, t_6, t_7, t_9, t_{10}, t_{11}, F_5, F_6, F_7, F_8, F_9 和 F_{10}, 且这 12 个参数都可由试验数据拟合得到, 12 个参数的取值参见表 7.8 ~ 表 7.10。

7.3.4 玄武岩纤维混凝土(BFRC) 的加载速率-温度耦合力学方程

7.3.4.1 动态抗压强度

BFRC 的动态抗压强度的加载速率-温度耦合力学模型的基本方程为

$$f_{cd} = f_{cd}(V_0, T, V_f) \qquad (7.26)$$

式中　　f_{cd}—— 高温下动态抗压强度;

　　　　V_0—— 加载速率;

　　　　T—— 试验温度;

　　　　V_f—— 纤维体积掺量。

根据 BFRC 的动态抗压强度随加载速率的变化趋势,对试验数据进行二次多项式拟合计算,如图 7.15 所示,可见拟合效果较好。拟合得到的参数取值见表 7.11,函数表达式为

$$f_{cd} = S_1 + S_2V_0 + S_3V_0^2 \qquad (7.27)$$

由表 7.11 可见,参数 S_2 和 S_3 是定值,参数 S_1 随温度和纤维体积掺量改变而变化。

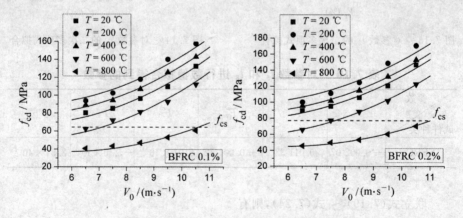

图 7.15　对 BFRC 的 f_{cd} 的二次多项式拟合

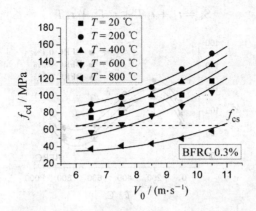

续图 7.15　对 BFRC 的 f_{cd} 的二次多项式拟合

表 7.11　对 BFRC 的动态抗压强度进行二次多项式拟合得到的参数

试件种类 ＼ 参数	V_f/(%)	T/℃	S_1	S_2	S_3
BFRC	0.1	20	97.25		1.65
					1.65
		200	118.87		1.65
					1.65
		400	108.27		1.65
					1.20
		600	80.59		1.65
		800	78.00		1.65
	0.2	20	107.95		1.65
		200	127.60		1.65
		400	115.80	-14	1.20
					1.65
		600	87.52		1.65
		800	85.51		1.65
	0.3	20	88.55		1.65
					1.20
		200	112.21		
		400	101.59		
		600	74.64		
		800	75.65		

对 S_1 随温度的变化趋势进行数值拟合计算,如图 7.16 所示,拟合效果较好。拟合得到的参数取值见表 7.12,函数表达式为

$$S_1 = t_1 + t_2 T + t_3 T^2 + t_4 T^3 \tag{7.28}$$

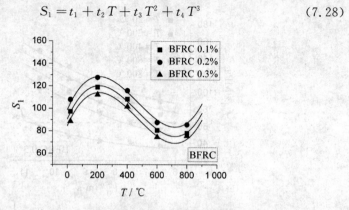

图 7.16   对参数 S_1 的三次多项式拟合

表 7.12   对参数 S_1 进行三次多项式拟合得到的参数

参数 试件种类	$V_f/(\%)$	t_1	t_2	t_3	t_4
BFRC	0.1	90.63	0.31	-0.000 95	6.8×10^{-7}
	0.2	98.91			
	0.3	84.57			

表 7.12 中,参数 t_1 随纤维体积掺量 V_f 改变而变化,对参数 t_1 进行数值拟合,如图 7.17 所示,拟合效果较好。拟合得到的参数取值见表 7.13,函数表达式为

$$t_1 = F_1 + F_2 V_f + F_3 V_f^2 \tag{7.29}$$

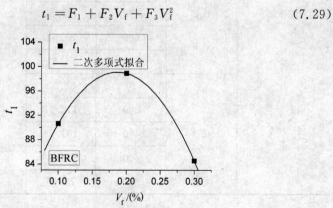

图 7.17   对参数 t_1 的二次多项式拟合

表 7.13　对参数 t_1 进行数值拟合得到的参数

参数 试件种类	F_1	F_2	F_3
BFRC	59.73	422.17	−1 131.23

联立式(7.26) ~ 式(7.29),则有

$$f_{cd} = f_{cd}(V_0, T, V_f) = f\{V_0[T(V_f)]\} = S_1(T, V_f) + S_2 V_0 + S_3 V_0^2 =$$

$$t_1(V_f) + t_2 T + t_3 T^2 + t_4 T^3 + S_2 V_0 + S_3 V_0^2 =$$

$$F_1 + F_2 V_f + F_3 V_f^2 + t_2 T + t_3 T^2 + t_4 T^3 + S_2 V_0 + S_3 V_0^2 \qquad (7.30)$$

式(7.30)即为根据试验数据拟合得到的 BFRC 试件动态抗压强度的加载速率-温度耦合力学方程,方程形式简单,含有 8 个唯一参数:S_2,S_3,t_2,t_3,t_4,F_1,F_2 和 F_3,且这 8 个参数都可由试验数据拟合得到,8 个参数的取值参见表 7.11 ~ 表 7.13。

7.3.4.2　动态压缩峰值应变

BFRC 的动态压缩峰值应变的加载速率-温度耦合力学模型的基本方程为

$$\varepsilon_p = \varepsilon_p(V_0, T, V_f) \qquad (7.31)$$

式中　　ε_p —— 高温下动态压缩峰值应变;

V_0 —— 加载速率;

T —— 试验温度;

V_f —— 纤维体积掺量。

根据 BFRC 的动态峰值应变随加载速率的变化趋势,对数据进行二次多项式拟合计算,如图 7.18 所示,拟合效果较好。拟合得到的参数取值见表 7.14,函数表达式为

$$\varepsilon_p = S_4 + S_5 V_0 + S_6 V_0^2 \qquad (7.32)$$

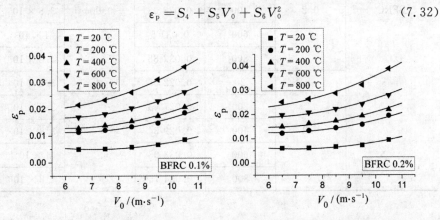

图 7.18　对 BFRC 的 ε_p 的二次多项式拟合

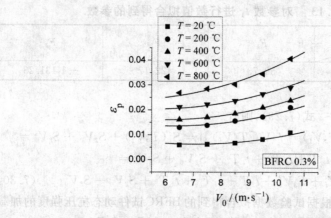

续图 7.18　对 BFRC 的 ε_p 的二次多项式拟合

表 7.14　对 BFRC 的动态压缩峰值应变进行二次多项式拟合得到的参数

参数 试件种类	$V_f/(\%)$	$T/℃$	S_4	S_5	S_6
BFRC	0.1	20	0.020 98		3.2×10^{-4}
		200	0.025 23		3.6×10^{-4}
		400	0.026 32		3.8×10^{-4}
		600	0.029 42		4×10^{-4}
		800	0.030 41		4.8×10^{-4}
	0.2	20	0.021 5		3.2×10^{-4}
		200	0.026 57		3.6×10^{-4}
		400	0.028 03	$-0.004\ 5$	3.8×10^{-4}
		600	0.031 5		4×10^{-4}
		800	0.032 88		4.8×10^{-4}
	0.3	20	0.022 08		3.2×10^{-4}
		200	0.027 63		3.6×10^{-4}
		400	0.029 34		3.8×10^{-4}
		600	0.033 03		4×10^{-4}
		800	0.034 75		4.8×10^{-4}

由表 7.14 可见，只有参数 S_5 是定值，参数 S_4 随温度和纤维体积掺量改变而变化，参数 S_6 随温度改变而变化。对 S_4 和 S_6 随温度的变化趋势进行数值拟合计算，如图 7.19 和图 7.20 所示，拟合效果较好，拟合得到的参数取值见表 7.15，函数表达式为

$$S_4 = t_5 + t_6 T + t_7 T^2 + t_8 T^3 \tag{7.33}$$

$$S_6 = t_9 + t_{10} T + t_{11} T^2 \tag{7.34}$$

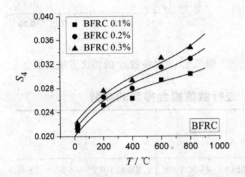
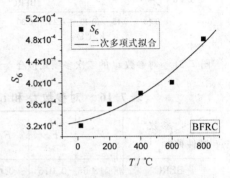

图 7.19　对参数 S_4 的三次多项式拟合　　图 7.20　对参数 S_6 的二次多项式拟合

表 7.15　对参数 S_4 和 S_6 进行数值拟合得到的参数

试件种类	$V_f/(\%)$	t_5	t_6	t_7	t_8	t_9	t_{10}	t_{11}
	0.1	0.020 05			1.84×10^{-11}			
BFRC	0.2	0.021 22	0.000 03	-3.6×10^{-8}	2.13×10^{-11}	3.27×10^{-4}	6.60×10^{-8}	1.44×10^{-10}
	0.3	0.022 17			2.32×10^{-11}			

由表 7.15 可见，除了参数 t_5 和 t_8 随玄武岩纤维体积掺量 V_f 变化以外，其他参数都是定值，因此对参数 t_5 和 t_8 进行数值拟合，如图 7.21 和图 7.22 所示。拟合得到的参数取值见表 7.16，函数表达式为

$$t_5 = F_4 + F_5 V_f + F_6 V_f^2 \tag{7.35}$$

$$t_8 = F_7 + F_8 V_f + F_9 V_f^2 \tag{7.36}$$

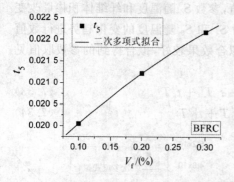

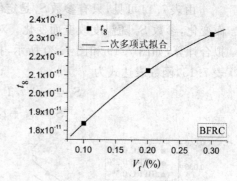

图 7.21 对参数 t_5 的二次多项式拟合　　　　图 7.22 对参数 t_8 的二次多项式拟合

表 7.16　对参数 t_5 和 t_8 进行数值拟合得到的参数

参数 试件种类	F_4	F_5	F_6	F_7	F_8	F_9
BFRC	0.018 66	0.015	−0.011	1.46×10^{-11}	4.28×10^{-11}	-4.61×10^{-11}

联立式(7.31) ～ 式(7.36)，则有

$$
\begin{aligned}
\varepsilon_p = \varepsilon_p(V_0, T, V_f) &= f\{V_0[T(V_f)]\} = S_4(T, V_f) + S_5 V_0 + S_6(T)V_0^2 = \\
&= t_5(V_f) + t_6 T + t_7 T^2 + t_8(V_f)T^2 + S_5 V_0 + (t_9 + t_{10}T + t_{11}T^2)V_0^2 = \\
&= F_4 + F_5 V_f + F_6 V_f^2 + t_6 T + t_7 T^2 + (F_7 + F_8 V_f + F_9 V_f^2)T^2 + \\
&\quad S_5 V_0 + (t_9 + t_{10}T + t_{11}T^2)V_0^2
\end{aligned}
\tag{7.37}
$$

式(7.37)即为根据试验数据拟合得到的 BFRC 试件动态峰值应变的加载速率-温度耦合力学方程，方程形式简单，含有 12 个唯一参数：$S_5, t_6, t_7, t_9, t_{10},$ $t_{11}, F_4, F_5, F_6, F_7, F_8$ 和 F_9，且这 12 个参数都可由试验数据拟合得到，12 个参数的取值参见表 7.14 ～ 表 7.16。

7.3.5　碳纤维混凝土(CFRC) 的加载速率-温度耦合力学方程

7.3.5.1　动态抗压强度

CFRC 的动态抗压强度的加载速率-温度耦合力学模型的基本方程为

$$
f_{cd} = f_{cd}(V_0, T, V_f)
\tag{7.38}
$$

式中　f_{cd}——高温下动态抗压强度；

　　　V_0——加载速率；

　　　T——试验温度；

　　　V_f——纤维体积掺量。

根据 CFRC 的动态抗压强度随加载速率的变化趋势，对试验数据进行二

次多项式拟合计算,如图 7.23 所示,可见拟合效果较好。拟合得到的参数取值见表 7.17,函数表达式为

$$f_{cd} = S_1 + S_2 V_0 + S_3 V_0^2 \qquad (7.39)$$

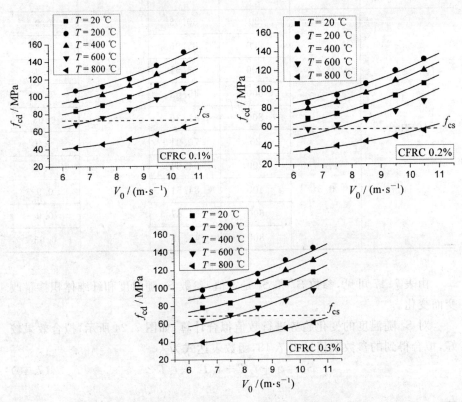

图 7.23　对 CFRC 的 f_{cd} 的二次多项式拟合

表 7.17　对 CFRC 的动态抗压强度进行二次多项式拟合得到的参数

参数 试件种类	V_f/(%)	T/℃	S_1	S_2	S_3
CFRC	0.1	20	77.43	−5	0.9
		200	100.77		0.9
		400	90.11		0.9
		600	62.81		0.9
		800	48.06		0.63

续表

参数 试件种类	V_f/(%)	T/℃	S_1	S_2	S_3
CFRC	0.2	20	60.03	−5	0.9
		200	82.96		0.9
		400	73.61		0.9
		600	45.63		0.9
		800	41.30		0.63
	0.3	20	70.91		0.9
		200	94.64		0.9
		400	84.51		0.9
		600	54.67		0.9
		800	45.48		0.63

  由表 7.17 可见,参数 S_2 和 S_3 是定值,参数 S_1 随温度和纤维体积掺量改变而变化。

  对 S_1 随温度的变化趋势进行数值拟合计算,如图 7.24 所示,拟合效果较好,拟合得到的参数取值见表 7.18,函数表达式为

$$S_1 = t_1 + t_2 T + t_3 T^2 + t_4 T^3 \tag{7.40}$$

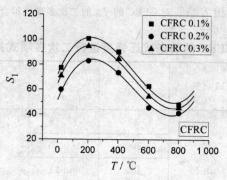

图 7.24　对参数 S_1 的三次多项式拟合

表 7.18 对参数 S_1 进行三次多项式拟合得到的参数

参数 试件种类	$V_f/(\%)$	t_1	t_2	t_3	t_4
CFRC	0.1	72.49	0.302	-0.0009	6.1×10^{-7}
	0.2	51.92	0.315		
	0.3	65.29	0.305		

表 7.18 中，参数 t_1 和 t_2 随纤维体积掺量 V_f 变化而变化，分别对参数 t_1 和 t_2 进行数值拟合，如图 7.25 和图 7.26 所示，拟合效果较好。拟合得到的参数取值见表 7.19，函数表达式为

$$t_1 = F_1 + F_2 V_f + F_3 V_f^2 \tag{7.41}$$
$$t_2 = F_4 + F_5 V_f + F_6 V_f^2 \tag{7.42}$$

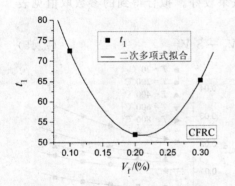
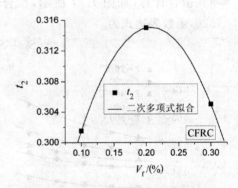

图 7.25 对参数 t_1 的二次多项式拟合   图 7.26 对参数 t_2 的二次多项式拟合

表 7.19 对参数 t_1 和 t_2 进行数值拟合得到的参数

类型 试件种类	F_1	F_2	F_3	F_4	F_5	F_6
CFRC	127.01	-714.97	1 697.43	0.265	0.487	-1.17

联立式(7.38)～式(7.42)，则有

$$
\begin{aligned}
f_{cd} = f_{cd}(V_0, T, V_f) &= f\{V_0[T(V_f)]\} = S_1(T, V_f) + S_2 V_0 + S_3 V_0^2 = \\
&t_1(V_f) + t_2(V_f)T + t_3 T^2 + t_4 T^3 + S_2 V_0 + S_3 V_0^2 = \\
&F_1 + F_2 V_f + F_3 V_f^2 + (F_4 + F_5 V_f + F_6 V_f^2)T + t_3 T^2 + \\
&t_4 T^3 + S_2 V_0 + S_3 V_0^2
\end{aligned}
\tag{7.43}
$$

式(7.43)即为根据试验数据拟合得到的 CFRC 试件动态抗压强度的加

载速率-温度耦合力学方程,方程形式简单,含有 10 个唯一参数:S_2,S_3,t_3,t_4,F_1,F_2,F_3,F_4,F_5,F_6,且这 10 个参数都可由试验数据拟合得到,10 个参数的取值参见表 7.17 ~ 表 7.19。

7.3.5.2 动态压缩峰值应变

CFRC 的动态压缩峰值应变的加载速率-温度耦合力学模型的基本方程为

$$\varepsilon_p = \varepsilon_p(V_0, T, V_f) \tag{7.44}$$

式中　ε_p—— 高温下动态压缩峰值应变;

V_0—— 加载速率;

T—— 试验温度;

V_f—— 纤维体积掺量。

根据 CFRC 的动态峰值应变随加载速率的变化趋势,对数据进行二次多项式拟合计算,如图 7.27 所示,拟合效果较好。拟合得到的参数取值见表 7.20,函数表达式为

$$\varepsilon_p = S_4 + S_5 V_0 + S_6 V_0^2 \tag{7.45}$$

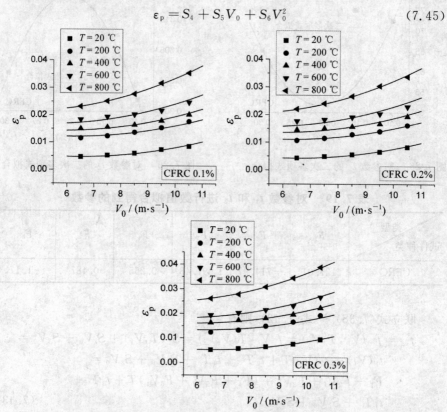

图 7.27　对 CFRC 的 ε_p 的二次多项式拟合

表 7.20　对 CFRC 的动态压缩峰值应变进行二次多项式拟合得到的参数

材料种类　　参数	$V_f/(\%)$	$T/℃$	S_4	S_5	S_6
CFRC	0.1	20	0.016 07		0.000 27
		200	0.023 07		0.000 28
		400	0.024 5		0.000 3
		600	0.026 12		0.000 33
		800	0.029 44		0.000 39
	0.2	20	0.015 63		0.000 27
		200	0.021 98		0.000 28
		400	0.023 74	$-0.003\ 5$	0.000 3
		600	0.024 93		0.000 33
		800	0.028 22		0.000 39
	0.3	20	0.016 68		0.000 27
		200	0.024 32		0.000 28
		400	0.026 29		0.000 3
		600	0.027 53		0.000 33
		800	0.032 49		0.000 39

由表 7.20 可见，只有参数 S_5 是定值，参数 S_4 随温度和纤维体积掺量改变而变化，参数 S_6 随温度改变而变化。对 S_4 和 S_6 随温度的变化趋势进行数值拟合计算，如图 7.28 和图 7.29 所示，拟合效果较好。拟合得到的参数取值见表 7.21，函数表达式为

$$S_4 = t_5 + t_6 T + t_7 T^2 + t_8 T^3 \qquad (7.46)$$

$$S_6 = t_9 + t_{10} T + t_{11} T^2 \qquad (7.47)$$

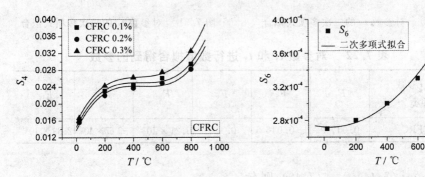

图 7.28　对参数 S_4 的三次多项式拟合　　图 7.29　对参数 S_6 的二次多项式拟合

表 7.21　对参数 S_4 和 S_6 进行数值拟合得到的参数取值

参数 材料种类	$V_f/(\%)$	t_5	t_6	t_7	t_8	t_9	t_{10}	t_{11}
CFRC	0.1	0.014 54			1.14×10^{-10}			
	0.2	0.013 76	0.000 07	-1.55×10^{-7}	1.13×10^{-10}	2.728×10^{-4}	-1.41×10^{-8}	1.99×10^{-10}
	0.3	0.015 56			1.18×10^{-10}			

由表 7.21 可见，除了参数 t_5 和 t_8 随碳纤维体积掺量改变而变化以外，其他参数都是定值，对参数 t_5 和 t_8 进行数值拟合，如图 7.30 和图 7.31 所示。拟合得到的参数取值见表 7.22，函数表达式为

$$t_5 = F_7 + F_8 V_f + F_9 V_f^2 \tag{7.48}$$

$$t_8 = F_{10} + F_{11} V_f + F_{12} V_f^2 \tag{7.49}$$

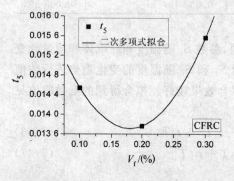

图 7.30　对参数 t_5 的二次多项式拟合

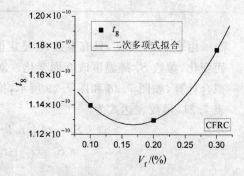

图 7.31　对参数 t_8 的二次多项式拟合

表 7.22　对参数 t_5 和 t_8 进行数值拟合得到的参数

参数 试件种类	F_7	F_8	F_9	F_{10}	F_{11}	F_{12}
CFRC	0.017 9	$-0.046\ 5$	0.129	1.21×10^{-10}	-9.67×10^{-11}	2.89×10^{-10}

联立式(7.44)～式(7.49)，则有

$$\varepsilon_p = \varepsilon_p(V_0, T, V_f) = S_4(T, V_f) + S_5 V_0 + S_6(T)V_0^2 =$$

$$t_5(V_f) + t_6 T + t_7 T^2 + t_8(V_f)T^2 + S_5 V_0 + (t_9 + t_{10}T + t_{11}T^2)V_0^2 =$$

$$F_7 + F_8 V_f + F_9 V_f^2 + t_6 T + t_7 T^2 + (F_{10} + F_{11}V_f + F_{12}V_f^2)T^3 +$$

$$S_5 V_0 + (t_9 + t_{10} T + t_{11} T^2) V_0^2 \qquad (7.50)$$

式(7.50)即为根据试验数据拟合得到的 CFRC 试件动态峰值应变的加载速率-温度耦合力学方程,方程形式简单,含有 12 个唯一参数:S_5,t_6,t_7,t_9,t_{10},t_{11},F_7,F_8,F_9,F_{10},F_{11} 和 F_{12},且这 12 个参数都可由试验数据拟合得到,12 个参数的取值参见表 7.20 ～ 表 7.22。

至此,素混凝土(PC)、钢纤维混凝土(SFRC)、玄武岩纤维混凝土(BFRC)和碳纤维混凝土(CFRC) 4 种不同材料的动态抗压强度和动态压缩峰值应变的加载速率-温度耦合力学方程的表达式都通过拟合相应的试验数据得到,其中的参数也都得到确定。

7.4　纤维混凝土经验型高温动态本构模型的建立

通过前文对常见混凝土动态模型及其构建方式的分析,本书选择基于试验结果,在现有混凝土静态本构模型的基础上进行修正的方法来构建 FRC 的经验型高温动态本构模型。

本书中拟构建的 FRC 的经验型高温动态本构模型用方程可表示为

$$\sigma = f(\varepsilon, V_0, T, V_f) \qquad (7.51)$$

式中　σ, ε——分别为 FRC 在不同加载速率和不同温度下的动态压缩应力和应变;

　　　V_0——加载速率;

　　　T——试验温度;

　　　V_f——纤维体积掺量。

7.4.1　用于修正的静态本构模型的选择

混凝土静态本构模型一般分为弹性本构模型和弹塑性本构模型。弹性本构模型包括线弹性模型和非线性弹性模型两大类。线弹性本构模型发展最成熟,在工程中应用广泛,卓有成效,但它仅在低应力等一些特殊情况下比较适用,当应力较大时混凝土应力-应变曲线呈现出明显的非线性,此时用线弹性本构模型来描述显然不太适合,而需要用非线性弹性本构模型来描述这种性能。

非线性弹性类本构模型的优点是,突出了混凝土非线性变化的主要特性,计算式可直接由试验数据回归确定,模型的表达式简明、直观,易于为工程师接受和采用。混凝土受压非线性弹性本构模型中比较有代表性的有 Ottosen 本构模型[150]、Darwin-Pecknold[151] 模型、Saenz[152] 模型、Sargin[153] 模型及对 Saenz 模型进行修正后的 Elwi-Murray 模型[154] 等。其中,CEB-FIP[155] 中明确建议 Ottosen 和 Darwin-Pecknold 两个本构模型用于有限元分析,而 Saenz 模型在钢筋混凝土有限元分析中也有广泛的应用[156]。非线性弹性模型的主要缺点是不能反映混凝土的滞回环、卸载后的残余变形以及卸载和加载的区别等,用于卸载、加卸载循环和非比例加载等复杂的受力过程时就有一定的限制。但非线性弹性模型是从试验结果回归分析后得到的表达式,对它进行修改比较容易。

弹塑性本构模型主要适用于金属材料,由于混凝土的材料构成、性质和变形特点与金属相差很大,很多学者,主要是力学理论专家,为了将行之有效的弹塑性理论从金属材料移到混凝土材料,作了很多努力,加以改造,使之适合于混凝土材料的基本特性。塑性本构模型能适用于卸载和再加载、非比例加载等多种情况;在某些应力范围内,理论值和试验结果相符等是其优点。但也存在一些严重的不足:① 塑性模型无论如何改造和补充,只能使模型形式复杂,而总不能反映混凝土变形的全部复杂特性;② 试验表明,混凝土的应变值因达到同一应力状态的不同应力途径而有较大差别,采用加载面唯一性假设的塑性理论极难有效地给以描述;③ 模型中的各种曲面形状和函数所包含的参数,都必须有足够数量的准确数据加以标定,但是至今有些试验数据(如加载面)不全,一些(如应变空间的松弛面)则离散度很大,以致难以准确标定;④ 一般情况下,塑性本构模型的表达式和计算都比较复杂,不直观,不便于工程师们接受和采用。

从上述各类静态本构模型的简单介绍和比较中可见,目前适于在工程中普遍应用的混凝土本构模型还是以非线性弹性类模型为主,其形式简单,应用方便,且具有一定的准确性。本书的静态本构模型采用在混凝土有限元分析中常用的 Sargin 非线弹性本构模型[156],Sargin 非线弹性本构模型的表达式为

$$\sigma_s = f_{cs} \frac{A \dfrac{\varepsilon}{\varepsilon_{ps}} + (D-1)\left(\dfrac{\varepsilon}{\varepsilon_{ps}}\right)^2}{1 + (A-2)\dfrac{\varepsilon}{\varepsilon_{ps}} + D\left(\dfrac{\varepsilon}{\varepsilon_{ps}}\right)^2} \tag{7.52}$$

式中 σ_s,ε——均以受压为正;

f_{cs}——混凝土静态单轴抗压强度;

A——$A = E_0/E_c$;

E_0——混凝土初始弹性模量;

E_c——混凝土应力达 f_{cs} 时的割线模量;

ε_{ps}——静态峰值应变,表示在静态条件下应力达峰值时的应变;

D——系数,对应力-应变曲线的上升段影响不大,对下降段影响很大,D 越大,则曲线下降愈平缓。

由于这一曲线基本上可以反映混凝土应力-应变关系的主要特征,因而在

混凝土有限元分析中应用很广。本书就以混凝土材料静态的 Sargin 非线性弹性本构模型为基础,通过修正来建立 FRC 的经验型高温动态本构模型。

7.4.2　纤维混凝土(FRC)经验型高温动态本构方程的建立

本书拟通过以静态本构模型为修正基础,加入加载速率-温度耦合力学模型的方法构建 FRC 的经验型高温动态本构模型广义方程,其可表示为

$$\sigma = f(\varepsilon, V_0, T, V_f) \tag{7.53}$$

用于修正的混凝土材料静态的 Sargin 非线性弹性本构模型用方程可表示为

$$\sigma_s = f_{cs} \frac{A\dfrac{\varepsilon}{\varepsilon_{ps}} + (D-1)\left(\dfrac{\varepsilon}{\varepsilon_{ps}}\right)^2}{1 + (A-2)\dfrac{\varepsilon}{\varepsilon_{ps}} + D\left(\dfrac{\varepsilon}{\varepsilon_{ps}}\right)^2} \tag{7.54}$$

通过对试验数据进行拟合得到的素混凝土(PC)、钢纤维混凝土(SFRC)、玄武岩纤维混凝土(BFRC)和碳纤维混凝土(CFRC)的动态抗压强度和动态压缩峰值应变的加载速率-温度耦合力学方程表达式如下:

(1) 素混凝土(PC)。

$$\begin{aligned} f_{cd} = f_{cd}(V_0, T) = f\{V_0[T]\} &= S_1(T) + S_2 V_0 + S_3 V_0^2 = \\ & t_1 + t_2 T + t_3 T^2 + t_4 T^3 + S_2 V_0 + S_3 V_0^2 \end{aligned} \tag{7.55}$$

$$\begin{aligned} \varepsilon_p = \varepsilon_p(V_0, T) = f\{V_0[T]\} &= S_4 + S_5 V_0 + S_6 V_0^2 = \\ & t_5 + t_6 T + t_7 T^2 + S_5 V_0 + (t_8 + t_9 T + t_{10} T^2)V_0^2 \end{aligned} \tag{7.56}$$

(2) 钢纤维混凝土(SFRC)。

$$\begin{aligned} f_{cd} = f_{cd}(V_0, T, V_f) = f\{V_0[T(V_f)]\} &= S_1(T, V_f) + S_2 V_0 + S_3 V_0^2 = \\ & t_1(V_f) + t_2(V_f)T + t_3 T^2 + t_4 T^3 + S_2 V_0 + S_3 V_0^2 = \\ & F_1 + F_2 V_f + (F_3 + F_4 V_f)T + t_3 T^2 + t_4 T^3 + S_2 V_0 + S_3 V_0^2 \end{aligned} \tag{7.57}$$

$$\begin{aligned} \varepsilon_p = \varepsilon_p(V_0, T, V_f) = f\{V_0[T(V_f)]\} &= S_4(T, V_f) + S_5 V_0 + S_6(T)V_0^2 = \\ & t_5(V_f) + t_6 T + t_7 T^2 + t_8(V_f)T^2 + S_5 V_0 + (t_9 + t_{10}T + t_{11}T^2)V_0^2 = \\ & F_5 + F_6 V_f + F_7 V_f^2 + t_6 T + t_7 T^2 + (F_8 + F_9 V_f + F_{10}V_f^2)T^2 + \\ & S_5 V_0 + (t_9 + t_{10}T + t_{11}T^2)V_0^2 \end{aligned} \tag{7.58}$$

(3) 玄武岩纤维混凝土(BFRC)。

$$\begin{aligned} f_{cd} = f_{cd}(V_0, T, V_f) = f\{V_0[T(V_f)]\} &= S_1(T, V_f) + S_2 V_0 + S_3 V_0^2 = \\ & t_1(V_f) + t_2 T + t_3 T^2 + t_4 T^3 + S_2 V_0 + S_3 V_0^2 = \\ & F_1 + F_2 V_f + F_3 V_f^2 + t_2 T + t_3 T^2 + t_4 T^3 + S_2 V_0 + S_3 V_0^2 \end{aligned} \tag{7.59}$$

$$\begin{aligned} \varepsilon_p = \varepsilon_p(V_0, T, V_f) = f\{V_0[T(V_f)]\} &= S_4(T, V_i) + S_5 V_0 + S_6(T)V_0^2 = \\ & t_5(V_f) + t_6 T + t_7 T^2 + t_8(V_f)T^2 + S_5 V_0 + (t_9 + t_{10}T + t_{11}T^2)V_0^2 = \end{aligned}$$

$$F_4 + F_5 V_f + F_6 V_f^2 + t_6 T + t_7 T^2 + (F_7 + F_8 V_f + F_9 V_f^2) T^2 +$$
$$S_5 V_0 + (t_9 + t_{10} T + t_{11} T^2) V_0^2 \tag{7.60}$$

(4) 碳纤维混凝土(CFRC)。

$$f_{cd} = f_{cd}(V_0, T, V_f) = f\{V_0[T(V_f)]\} = S_1(T, V_f) + S_2 V_0 + S_3 V_0^2 =$$
$$t_1(V_f) + t_2(V_f) T + t_3 T^2 + t_4 T^3 + S_2 V_0 + S_3 V_0^2 =$$
$$F_1 + F_2 V_f + F_3 V_f^2 + (F_4 + F_5 V_f + F_6 V_f^2) T + t_3 T^2 +$$
$$t_4 T^3 + S_2 V_0 + S_3 V_0^2 \tag{7.61}$$

$$\varepsilon_p = \varepsilon_p(V_0, T, V_f) = S_4(T, V_f) + S_5 V_0 + S_6(T) V_0^2 =$$
$$t_5(V_f) + t_6 T + t_7 T^2 + t_8(V_f) T^2 + S_5 V_0 + (t_9 + t_{10} T + t_{11} T^2) V_0^2 =$$
$$F_7 + F_8 V_f + F_9 V_f^2 + t_6 T + t_7 T^2 + (F_{10} + F_{11} V_f + F_{12} V_f^2) T^3 +$$
$$S_5 V_0 + (t_9 + t_{10} T + t_{11} T^2) V_0^2 \tag{7.62}$$

参考式(7.54)的形式,通过式(7.55)~式(7.62),分别用高温下的动态抗压强度 f_{cd} 代替式(7.54)中的静态抗压强度 f_{cs},用高温下的动态压缩峰值应变 ε_p 代替式(7.54)中的静态峰值应变 ε_{ps},可得到 PC 和 FRC 的高温动态本构模型的方程表达式分别为

$$\sigma = f(\varepsilon, V_0, T) = f_{cd}(V_0, T) \frac{A \dfrac{\varepsilon}{\varepsilon_p(V_0, T)} + (D-1)\left[\dfrac{\varepsilon}{\varepsilon_p(V_0, T)}\right]^2}{1 + (A-2)\dfrac{\varepsilon}{\varepsilon_p(V_0, T)} + D\left[\dfrac{\varepsilon}{\varepsilon_p(V_0, T)}\right]^2} \tag{7.63}$$

$$\sigma = f(\varepsilon, V_0, T, V_f) =$$
$$f_{cd}(V_0, T, V_f) \frac{A \dfrac{\varepsilon}{\varepsilon_p(V_0, T, V_f)} + (D-1)\left[\dfrac{\varepsilon}{\varepsilon_p(V_0, T, V_f)}\right]^2}{1 + (A-2)\dfrac{\varepsilon}{\varepsilon_p(V_0, T, V_f)} + D\left[\dfrac{\varepsilon}{\varepsilon_p(V_0, T, V_f)}\right]^2} \tag{7.64}$$

式(7.63)和式(7.64)即为在试验基础上,通过在混凝土 Sargin 静态本构模型基础上进行修正,引入加载速率-温度耦合力学模型,得到的 PC 和 FRC 的经验型高温动态本构方程,PC 和 FRC 方程形式的不同仅在于 FRC 必须考虑纤维体积掺量 V_f 的影响,对应于 PC,SFRC,BFRC 和 CFRC,方程中的 $f_{cd}(V_0, T)$ 或 $f_{cd}(V_0, T, V_f)$ 和 $\varepsilon_p(V_0, T)$ 或 $\varepsilon_p(V_0, T, V_f)$ 均采用相应的加载速率-温度耦合力学方程。

建立的纤维混凝土(FRC)的经验型动态本构模型具有以下特点:

(1)通过在静态本构模型基础上,引入拟合试验数据得到的加载速率-温度耦合效应力学方程得到,属于经验型的本构模型。

(2)材料高温动态力学性能的率效应和温度效应通过加载速率-温度耦合

效应力学方程得以体现,模型能充分反映加载速率、温度和纤维体积掺量的影响。

(3)由于 PC,SFRC,BFRC 和 CFRC 的加载速率-温度耦合效应力学方程中的参数都已通过试验数据拟合得到(见 6.3 节),所以建立的 FRC 的经验型动态本构模型中的未知参数只有 2 个:A 和 D。其中,A 为材料的初始弹性模量和应力达到峰值时的时割线模量的比值;D 为系数,对应力-应变曲线的上升段影响不大,对下降段影响很大,D 越大,则曲线下降愈平缓,参数物理意义较为明确。

(4)虽然模型中的加载速率-温度耦合效应力学方程较长,且需要拟合计算的参数相对较多,但本构模型方程整体形式简单,参数物理意义基本明确。考虑到目前采用计算机进行计算,参数多不是问题,关键是方程形式和方程体现的物理内涵,因此本书建立的经验型的高温动态本构模型有利于计算机编程进行计算。

7.4.3　参数确定

已建立的纤维混凝土(FRC)的经验型高温动态本构模型方程尚含有 2 个未知参数 A 和 D,必须通过对部分试验数据进行拟合才能得到。虽然试验得到的 PC,SFRC,BFRC 和 CFRC 在不同温度下的应力-应变曲线的几何形状基本相似,但不同材料在不同温度下的曲线之间还是存在一些区别的。针对不同材料和不同温度,分别选用 PC,SFRC 0.4%,BFRC 0.1% 和 CFRC 0.3% 在不同温度下的应力-应变曲线对未知参数 A 和 D 进行拟合标定。采用最小二乘法拟合得到的参数值见表 7.23。

表 7.23　利用最小二乘法拟合试验曲线得到的参数值

材料种类 \ 参数	温度/℃	A	D
PC	20(常温)	0.476 9	0.806 29
	200	0.684 35	0.557 13
	400	0.83	0.298 65
	600	0.834 14	0.349 4
	800	0.790 37	0.309 56
SFRC	20(常温)	0.380 61	0.938 05
	200	0.935 84	0.152 18
	400	0.744 24	0.359 44
	600	0.907 31	0.276 0
	800	0.806 04	0.566 72

续 表

材料种类 \ 参数	温度/℃	A	D
BFRC	20(常温)	0.803 7	0.787 34
	200	0.674 97	0.541 16
	400	1.033 49	0.222 2
	600	0.88	0.199 89
	800	0.766 15	0.472 14
CFRC	20(常温)	0.433 37	0.889 94
	200	0.573 67	0.508 52
	400	0.782 56	0.29
	600	0.874 1	0.303 5
	800	0.468 05	0.566 72

7.5 算 例 应 用

至此,本书所建立的纤维混凝土(FRC)的经验型本构模型方程中的所有参数得到确定,可以运用该本构模型来计算素混凝土(PC)以及不同纤维体积掺量的钢纤维混凝土(SFRC)、玄武岩纤维混凝土(BFRC)和碳纤维混凝土(CFRC)在不同加载速率和不同温度下的应力-应变关系,并与试验结果进行对比。

图 7.32 表示了采用理论模型计算得到的部分 PC 的应力-应变曲线与试验得到的应力-应变曲线的对比情况;图 7.33 表示了采用理论模型计算得到的部分 SFRC 1.0% 的应力-应变曲线与试验得到的应力-应变曲线的对比情况;图 7.34 表示了采用理论模型计算得到的部分 BFRC 0.2% 的应力-应变曲线与试验得到的应力-应变曲线的对比情况;图 7.35 表示了采用理论模型计算得到的部分 CFRC 0.1% 的应力-应变曲线与试验得到的应力-应变曲线的对比情况。

从图 7.32~图 7.35 中曲线的对比可见,运用理论模型计算得到的结果与试验结果比较吻合,说明本书在试验基础上,基于静态的 Sargin 非线性弹性本构模型,通过引入材料的加载速率-温度耦合效应力学模型来建立 FRC 的经验型高温动态本构模型的方法是可行的,构建的模型是合理的,能够正确反映素混凝土(PC)、钢纤维混凝土(SFRC)、玄武岩纤维混凝土(BFRC)和碳纤维混凝土(CFRC)的高温动态力学性能,准确表述它们的高温动态力学行为。

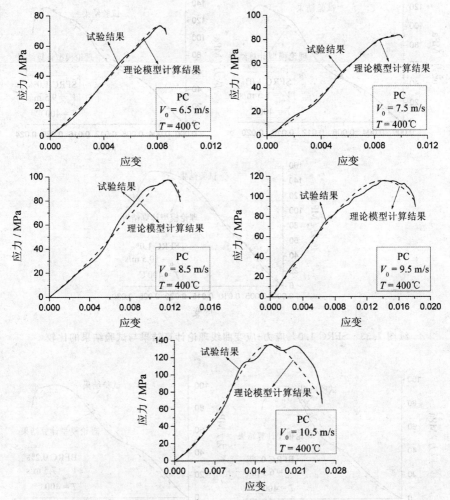

图 7.32 PC 应力-应变曲线理论计算结果与试验结果的比较

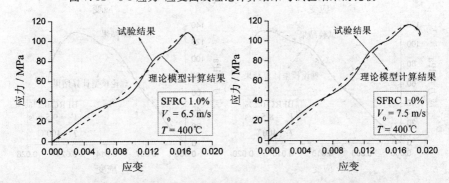

图 7.33 SFRC 1.0%应力-应变曲线理论计算结果与试验结果的比较

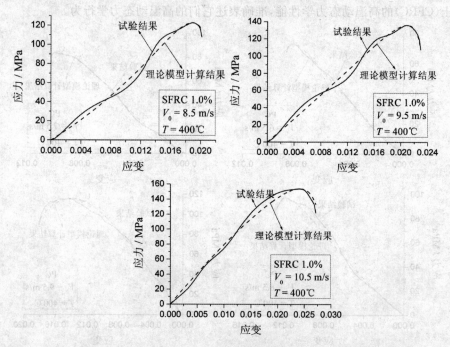

续图 7.33　SFRC 1.0％应力-应变曲线理论计算结果与试验结果的比较

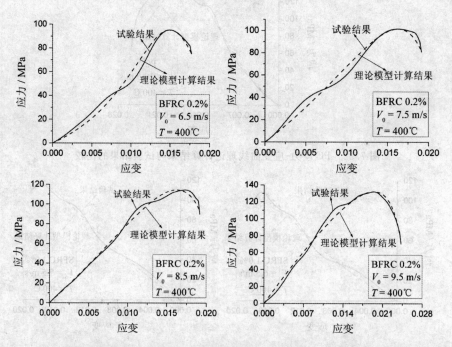

图 7.34　BFRC 0.2％应力-应变曲线理论计算结果与试验结果的比较

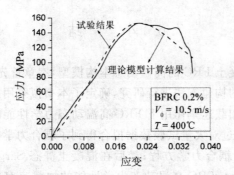

续图 7.34 BFRC 0.2％应力-应变曲线理论计算结果与试验结果的比较

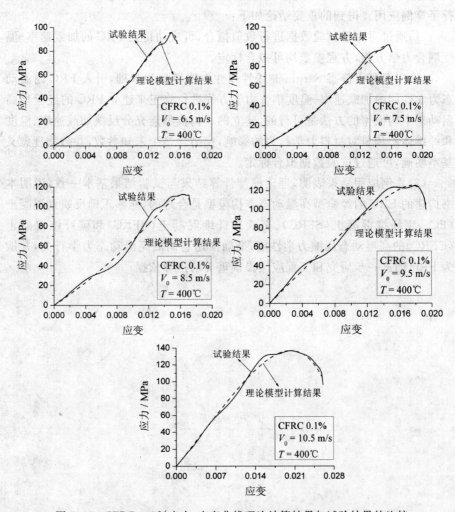

图 7.35 CFRC 0.1％应力-应变曲线理论计算结果与试验结果的比较

7.6 小 结

为建立纤维混凝土 FRC 的高温动态本构模型,本章首先对混凝土类材料高温动态本构模型的构建方法进行研究,确定了本书拟采用的建模方法;其次建立了不同温度和加载速率作用下 FRC 高温动态力学性能的加载速率-温度耦合力学模型,并通过对大量试验数据拟合得到了耦合力学模型中的参数,确定了加载速率-温度耦合力学方程;最后在混凝土静态 Sargin 非线性弹性本构模型的基础上,引入 FRC 高温动态力学性能的加载速率-温度耦合力学方程进行修正,建立了 FRC 的经验型高温动态本构模型,确定了模型参数,并进行了算例应用。得到的重要结论如下:

(1)通过对大量试验数据进行数值拟合,可成功得到 FRC 的加载速率-温度耦合力学方程,方程参数均可拟合标定。

(2)以混凝土静态 Sargin 非线性弹性本构模型为基础,引入 FRC 高温动态力学性能的加载速率-温度耦合力学方程进行修正来建立 FRC 的经验型高温动态本构模型的方法是可行的,建立的本构模型能充分反映加载速率、温度和纤维体积掺量对材料力学行为的影响,模型含 2 个未知参数,参数物理意义基本明确,可通过试验数据拟合标定。

(3)算例应用结果表明,理论模型计算结果与试验结果基本一致,说明本书构建的 FRC 的经验型高温动态本构模型是合理的,能够正确反映素混凝土(PC)、钢纤维混凝土(SFRC)、玄武岩纤维混凝土(BFRC)和碳纤维混凝土(CFRC)的高温动态压缩力学性能,准确描述它们的高温动态力学行为,并能为 FRC 的进一步研究和工程应用提供重要的指导依据。

第 8 章 结论与展望

8.1 结 论

以分离式霍普金森压杆试验为主要研究方法,以理论研究和数值分析为辅助研究方法,围绕纤维混凝土的动力特性,包括动态抗压力学特性和动态劈拉力学特性展开了一系列研究。本书的内容促进了纤维混凝土的工程应用,在工程上具有实用价值,对工程建设具有重要指导意义。

通过研究,得出的结论如下:

(1)FRC 的动态力学性能受加载速率的影响,体现在其动态抗压强度、动态压缩变形和动态压缩韧性均同时具有加载速率效应;FRC 的动态抗压强度、动态压缩变形和动态压缩韧性均存在加载速率强化效应;钢纤维、玄武岩纤维和碳纤维的加入能有效改善 PC 的动态力学性能,包括动态抗压强度、动态压缩变形和动态压缩韧性,总体上来看,钢纤维的最佳体积掺量为1.0%;玄武岩纤维的最佳纤维体积掺量是 0.2%,碳纤维的最佳体积掺量为 0.1%。

(2)提出的高温 SHPB 试验系统具有结构简单、操作方便、控温准确、工作效率高的特点,试验技术可靠,可用于混凝土类材料的高温动态力学行为测试;理论研究和数值分析结果表明,混凝土类材料的冷接触时间临界值为1.0 s,当冷接触时间在 1.0 s 以内时,界面热传导对试验结果的影响可以忽略不计。

(3)纤维混凝土的高温动态力学性能受加载速率和试验温度的共同影响。高温动态抗压强度、变形和韧性均存在加载速率强化效应;高温动态抗压强度具有温度强弱化效应,200 ℃前后分别以温度强化和温度弱化效应为主,400 ℃和 600 ℃后分别开始低于常温动态和静态抗压强度;高温动态峰值应变具有温度强化效应;高温动态极限应变具有温度弱强化效应,200 ℃前后分别以温度弱化和温度强化效应为主;高温动态压缩韧性具温度强弱化效应,加载速率和纤维体积掺量对温度效应的变化趋势有一定影响。

(4)纤维混凝土的动态劈拉力学性能具有显著的率效应,加载速率和入射波能量变化率越高,则动态劈拉强度和动态劈拉韧性越高;纤维混凝土具有相似的动态劈拉破坏形态,通常沿径向中线从中间裂开,均为中心开裂破坏,拉伸破坏是其主要破坏方式;加载速率越高,则破坏相对越严重;钢纤维对动态劈拉条件下 PC 开裂特性的改善作用十分明显。

(5)钢纤维、玄武岩纤维和碳纤维对混凝土的静态强度、高温动态力学性能和动态劈拉力学性能均具有良好的改善效果,纤维种类和纤维体积掺量是影响改善效果的重要因素,在本书所述试验的纤维体积掺量范围内,钢纤维、玄武岩纤维和碳纤维的相对较佳体积掺量分别为 1.0%,0.2% 和 0.1%。

(6)总体上,钢纤维对静态劈拉抗拉强度和抗折强度的增强效果相对较优;玄武岩纤维对静态抗压强度的增强效果相对较优;就材料的高温动态力学性能和动态劈拉力学性能而言,改善效果最好的是 SFRC,其次是 BFRC,最后是 CFRC;性价比最高的材料是 BFRC,其次是 SFRC,最后是 CFRC。

(7)建立了纤维混凝土高温动态力学性能的加载速率-温度耦合力学模型,通过拟合大量试验数据,成功得到纤维混凝土高温动态抗压强度和峰值应变的加载速率-温度耦合力学方程。

(8)在混凝土静态 Sargin 非线性弹性本构模型的基础上,引入 FRC 高温动态力学性能的加载速率-温度耦合力学方程进行修正,建立 FRC 的经验型高温动态本构模型的方法是可行的,建立的本构模型能充分反映加载速率、温度和纤维体积掺量的影响,模型含有两个未知参数,参数物理意义基本明确,可通过试验数据拟合标定。

(9)算例应用结果表明,理论模型计算结果与试验结果基本一致。说明本书构建的 FRC 的经验型高温动态本构模型是合理的,能够正确反映素混凝土(PC)、钢纤维混凝土(SFRC)、玄武岩纤维混凝土(BFRC)和碳纤维混凝土(CFRC)的高温动态力学性能,准确描述它们的高温动态力学行为,并为 FRC 的进一步研究和工程应用提供重要的指导依据。

8.2 展　　望

本书以纤维混凝土为研究对象,以试验为主要研究方法,以理论研究和数值分析为辅助研究方法,围绕纤维混凝土的动态压缩和动态劈拉力学性能展开了一系列研究。虽然在试验技术以及材料动态力学行为研究方面取得了一定成果,得到了一系列有价值的研究结论,但本书的研究结论仍需大量的试验来加以验证、修正和完善,还有待于进一步研究。建议以后的工作从以下几方面展开:

(1)在更多试验的基础上,拓展研究范围和研究深度。限于试验条件,本书只对 3 种纤维混凝土的高温动态压缩力学性能进行了研究,下一步可进行静态、动态更宽范围的试验,例如设计混凝土材料高温静态试验设备,研究相应试验技术,并对混凝土材料的高温静态力学性能进行研究;在试验基础上对混凝土的本构关系理论如黏弹性理论、黏塑性理论、损伤理论等进行深入的研究，建立更完善的高温动态本构模型。

　　（2）对高温、高应变率下纤维混凝土微观结构的变化情况进行试验研究。高温、高应变率下纤维混凝土宏观力学行为的变化规律与其微观结构的变化情况具有密切联系，对微观结构的变化情况进行试验研究有助于更好地了解宏观力学行为的变化原因和解释变化机理，从而为提高材料的高温、高应变率下的力学性能提供有效改性措施。

参 考 文 献

[1] 沈荣熹,崔琪,李清海.新型纤维增强水泥基复合材料[M].北京:中国建材工业出版社,2004.

[2] 黄承逵.纤维混凝土结构[M].北京:机械工业出版社,2004.

[3] 徐至钧.纤维混凝土技术及应用[M].北京:中国建筑工业出版社,2003.

[4] 邓宗才.高性能合成纤维混凝土[M].北京:科学出版社,2003.

[5] 高丹盈,赵军,朱海堂.钢纤维混凝土设计与应用[M].北京:中国建筑工业出版社,2002.

[6] 龚益,徐至钧.纤维混凝土与纤维砂浆施工应用指南[M].北京:中国建材工业出版社,2003.

[7] 大连理工大学.CECS38:2004.纤维混凝土结构技术规程[S].北京:中国计划出版社,2004.

[8] 胡显奇,申屠年.连续玄武岩纤维在军工及民用领域的应用[J].高科技纤维与应用,2005,30(6):7-13.

[9] 付庆丰,侯启超,张效沛,等.玄武岩纤维混凝土的技术研究现状及应用[J].吉林建筑工程学院学报,2011(04):32-34.

[10] 吴刚,吴智深,胡显奇,等.玄武岩纤维在土木工程中的应用研究现状及进展[C]//第五届全国 FRP 学术交流会.广州:工业建筑出版社,2007.

[11] Abrams D A. Effect of rate of application of load on the compressive strength of concrete[J]. Journal of ASTM International,1917,172:364-377.

[12] 姜锡全.水泥砂浆静动力学行为及短纤维增强性能研究[D].合肥:中国科学技术大学,1996.

[13] Lok T S, Asce M, Li X B, et al. Testing and response of large diameter brittle materials subjected to high strain rate[J]. Journal of Materials in CivilEngineering,2002,14(3):262-269.

[14] Lok T S, ASCE M, Zhao P J. Impact response of steel fiber-reinforced concrete using a split hopkinson pressure bar[J]. Journal of Materials In Civil Engineering,2004,16(1):54-59.

[15] 严少华,李志成,王明洋,等.高强钢纤维混凝土冲击压缩特性试验研究

[J].爆炸与冲击,2002,22(3):237-241.

[16]　严少华,李志成,王明洋,等.高强钢纤维混凝土冲击压缩特性试验研究 [C]∥Hopkinson 杆试验技术研讨会会议论文集.黄山:中国力学学 会,2007.

[17]　巫绪涛,胡时胜,孟益平.混凝土动态力学量的应变计直接测量法[J]. 试验力学,2004(03):319-323.

[18]　巫绪涛,胡时胜,陈德兴,等.钢纤维高强混凝土冲击压缩的试验研究 [J].爆炸与冲击,2005,25(02):125-131.

[19]　巫绪涛.钢纤维高强混凝土动态力学性质的研究[D].合肥:中国科学 技术大学,2006.

[20]　焦楚杰.高与超高性能钢纤维砼抗冲击和抗爆研究[D].南京:东南大 学,2004.

[21]　焦楚杰,孙伟,高培正,等.钢纤维混凝土抗冲击试验研究[J].中山大学 学报(自然科学版),2005(06):41-44.

[22]　焦楚杰,孙伟,高培正.钢纤维超高强混凝土动态力学性能[J].工程力 学,2006,23(8):86-89.

[23]　Jiao C, Sun W, Huans. Behavior of steel fiber-reinforced high-strength concrete at medium strain rate[J]. Frontiers of Architecture and Civil Engineering in China,2009.

[24]　陈德兴,胡时胜,张守保,等.大尺寸 Hopkinson 压杆及其应用[J].试 验力学,2005(03):398-402.

[25]　陈德兴,张仕,余泽清,等.冲击压缩下钢纤维高强混凝土应变率效应试 验研究[J].混凝土与水泥制品,2007(03):39-42.

[26]　刘永胜,徐冬梅,张成均.超短钢纤维混凝土动态力学性能研究[J].混 凝土,2006(07):21-23.

[27]　张育宁,方秦,刘小斌.高强高掺量钢纤维混凝土动力性能的 SHPB 试 验研究[J].混凝土,2006(07):32-35.

[28]　赵碧华,刘永胜.超短钢纤维混凝土的 SHPB 试验研究[J].混凝土, 2007,214(08):55-57.

[29]　李会湘,孙宇静,程庆照.钢纤维混凝土(SFRC)的增强增韧机理及冲 击特性研究[J].公路交通科技(应用技术版), 2009(05):209-211.

[30]　Lai J, Sun W. Dynamic mechanical behaviour of ultra-high performance fiber reinforced concretes [J]. Journal of Wuhan University of Technology — Mater. Sci. Ed,2008,23(6):938-945.

[31]　侯晓峰,方秦,张育宁.高掺量聚丙烯纤维混凝土静动力性能试验研究

[C]//中国土木工程学会防护工程分会第五届理事会暨第九次学术年会论文集(上册).长春:中国土木工程学会,2004.

[32]　胡金生,周早生,唐德高,等.聚丙烯增强纤维混凝土分离式 Hopkinson 压杆压缩试验研究[J].土木工程学报,2004,37(6):12-15.

[33]　胡金生,杨秀敏,周早生,等.钢纤维混凝土与聚丙烯纤维混凝土材料冲击荷载下纤维增韧特性试验研究[J].建筑结构学报,2005(02):101-105.

[34]　黄政宇,王艳,肖岩,等.应用 SHPB 试验对活性粉末混凝土动力性能的研究[J].湘潭大学自然科学学报,2006,28(2):113-117.

[35]　罗立峰.钢纤维增强聚合物改性混凝土的冲击性能[J].中国公路学报,2006(05):71-76.

[36]　李元章.灰岩及纤维混凝土的动态压缩力学性能试验研究[D].武汉:武汉理工大学,2006.

[37]　李元章.钢纤维混凝土动态压缩力学性能的试验研究[J].科技信息,2009(17):255-260.

[38]　陈磊,陈太林,腾桃居.高强钢纤维混凝土和聚丙烯纤维混凝土的动态力学性能试验研究[J].建筑技术,2006(01):50-51.

[39]　孟益平.冲击载荷作用下钢纤维增强混凝土的数值模拟[J].安徽建筑工业学院学报(自然科学版),2007(03):23-26.

[40]　刘逸平,黄小清,汤立群,等.新型混凝土桥面铺装材料的冲击力学性能[J].爆炸与冲击,2007(03):217-222.

[41]　刘逸平,黄小清,汤立群,等.混凝土桥面铺装材料冲击力学性能的试验研究[C]//第三届全国爆炸力学试验技术交流会论文集.黄山:安徽省力学学会,2004.

[42]　祝文化,李元章.纤维混凝土动态压缩力学性能的试验研究[J].武汉理工大学学报,2007(02):62-64.

[43]　巴恒静,杨少伟,杨英姿.钢纤维混凝土高温后 SHPB 试验研究[J].建筑技术,2009,40(8):719-721.

[44]　杨少伟,巴恒静.钢纤维混凝土高温后 SHPB 试验研究[J].中国矿业大学学报,2009(04):562-565.

[45]　蒋国平,浣石,焦楚杰,等.基于 SHPB 试验的聚丙烯纤维增强混凝土动态力学性能研究[J].四川大学学报(工程科学版),2009,41(5):82-86.

[46]　蒋国平,焦楚杰.基于 SHPB 试验的钢纤混凝土损伤研究[J].混凝土,2009(03):24-25.

[47] 蒋国平,焦楚杰,刘洁.冲击作用下混凝土表面裂纹多重分形研究[J]. 混凝土,2010(02):35-37.

[48] 蒋国平,焦楚杰,任达,等.基于SHPB试验的钢纤维混凝土动态性能 研究[J].水电能源科学,2010(02):103-105.

[49] 王乾峰,彭刚,戚永乐.围压条件下钢纤维混凝土动态压缩试验研究 [J].混凝土,2009(03):29-31.

[50] 彭刚,刘德富,戴会超.钢纤维混凝土动态压缩性能及全曲线模型研究 [J].工程力学,2009(02):142-147.

[51] 彭刚,刘德富,戴会超.钢纤维混凝土动态压缩性能及全曲线模型研究 [J].振动工程学报,2009(01):99-104.

[52] 彭刚,戚永乐,王乾峰,等.复杂动载作用下钢纤维混凝土材料参数特征 分析[J].土木工程学报,2010(02):64-71.

[53] 许金余,李为民,黄小明,等.玄武岩纤维增强地质聚合物混凝土的动态 本构模型[J].工程力学,2010,27(4):111-116.

[54] 李为民,许金余.玄武岩纤维增强地质聚合物混凝土的高应变率力学行 为[J].复合材料学报,2009,26(2):160-164.

[55] 许金余,李为民,范飞林,等.碳纤维增强地质聚合物混凝土冲击力学性 能的SHPB试验研究[J].建筑材料学报,2010,13(4):435-440.

[56] 李为民,许金余,翟毅,等.冲击荷载作用下碳纤维混凝土的力学性能 [J].土木工程学报,2009,42(2):24-30.

[57] 翟毅,许金余,李为民,等.碳纤维混凝土动态压缩力学性能的试验研究 [J].混凝土,2008(5):16-19.

[58] 翟毅,许金余,王鹏辉.纤维混凝土动态压缩力学性能的SHPB试验研 究[J].西安建筑科技大学学报,2009,41(1):141-148.

[59] 翟毅,许金余,李为民,等.碳纤维增强混凝土SHPB试验研究[C]//第 十二届全国纤维混凝土学术会议论文集.北京:新型建筑材料杂志 社,2008.

[60] 许金余,李为民,王亚平,等.玄武岩纤维对不同胶凝材料混凝土的强韧 化效应[J].解放军理工大学学报(自然科学版),2011,12(3): 245-250.

[61] 许金余,范飞林,白二雷,等.玄武岩纤维混凝土的动态力学性能研究 [J].地下空间与工程学报,2010,6(S2):1665-1671.

[62] 范飞林,叶学华,许金余,等.冲击载荷下玄武岩纤维增强混凝土的动态 本构关系[J].振动与冲击,2010,29(11):110-114.

[63] 李为民,许金余.玄武岩纤维混凝土的冲击力学行为及本构模型[J].工

程力学,2009,26(1):86-91.

[64] 沈刘军,许金余,李为民,等.玄武岩纤维增强混凝土静、动力性能试验研究[J].混凝土,2008,222(4):66-69.

[65] 李为民,许金余.玄武岩纤维对混凝土的增强和增韧作用[J].硅酸盐学报,2008,36(4):476-481.

[66] 李为民,许金余,沈刘军,等.玄武岩纤维混凝土的动态力学性能[J].复合材料学报,2008,25(2):135-142.

[67] 杨进勇,许金余,李为民,等.玄武岩纤维混凝土冲击压缩韧性[J].新型建筑材料,2008,35(6):69-72.

[68] 杨进勇,许金余,李为民,等.玄武岩纤维混凝土和碳纤维混凝土的冲击韧性对比研究[C]//第十二届全国纤维混凝土学术会议论文集.北京:新型建筑材料杂志社,2008.

[69] Taner Yildirim S, Cevdet E Ekinci, Fehim Findik. Properties of hybrid fiber reinforced concrete under repeated impact loads [J]. Russian Journal of Nondestructive Testing,2010,46(7):538-546.

[70] 季斌,余红发,麻海燕,等.三维编织钢纤维增强混凝土的冲击压缩性能[J].硅酸盐学报,2010(04):644-651.

[71] Wang Z L, Shi Z M, Wang J G. On the strength and toughness properties of SFRC under static-dynamic compression[J]. Composites:Part B,2011(1):1-6.

[72] 高乐.高性能钢纤维混凝土的制备与力学性能研究[J].山东交通科技,2011(03):21-23.

[73] 林龙.冲击载荷作用下纤维砼的动力特性试验研究[D].广州:暨南大学,2011.

[74] 李智,卢哲安,陈猛,等.混杂纤维混凝土冲击压缩性能SHPB试验研究[J].混凝土,2011(04):20-22.

[75] 李智.混杂纤维混凝土动态压缩性能研究[D].武汉:武汉理工大学,2011.

[76] 杜修力,窦国钦,李亮,等.纤维高强混凝土的动态力学性能试验研究[J].工程力学,2011,28(4):138-144.

[77] Yang M, Huang C, Wang J. Characteristics of stress-strain curve of high strength steel fiber reinforced concrete under uniaxial tension [J]. Journal of Wuhan University of Technology-Mater. Sci. Ed., 2006,21(3):132-137.

[78] 董振英,李庆斌,王光纶,等.钢纤维混凝土轴拉应力-应变特性的试验

研究[J].水利学报,2002(5):47-50.

[79] 王艳英,史小飞,张岗.混杂纤维混凝土抗弯冲击性能研究[J].石家庄铁道学院学报,2006,19(4):67-69.

[80] 邓宗才,李建辉,孙宏俊,等.纤维混凝土的抗弯冲击性能[J].公路交通科技,2005,22(6):24-26.

[81] 宁建国,王成,马天宝.爆炸与冲击动力学[M].北京:国防工业出版社,2010.

[82] Tedesco J W,Ross C A,Kuennen S T. Experimental and numerical analysis of high strain rate splitting tensile test s[J]. ACI Materials Journal,1993,90(2):162-169.

[83] Ross C A,Tedesco J W,Kuennen S T. Effect of strain rate on concrete strength[J]. ACI Materials Journal,1995,92(5):37-47.

[84] Lambert D E,Ross C A. Strain rate effects on dynamic fracture and strength[J]. International Journal of Impact Engineering,2000,24 (10):985-998.

[85] Gomez J T,Shukla A,Sharma A. Static and dynamic behavior of concrete and granite in tension with damage[J]. Theoretical and applied fracture mechanics,2001,36:37-49.

[86] 马宏伟,阎晓鹏,程载斌,等.混凝土动态劈裂拉伸试验的数值模拟[J].宁波大学学报,2003,16(4):345-353.

[87] 孙伟,赖建中,焦楚杰,等.生态型 RPC 材料的动态力学行为和耐久性能 [C]//第十届全国纤维混凝土学术会议论文集.上海:同济大学出版社,2001:13-21.

[88] 赖建中,孙伟,焦楚杰.生态型 RPC 材料的动态力学性能[J].工业建筑,2004,34(12):63-66.

[89] 焦楚杰.高与超高性能钢纤维砼抗冲击和抗爆研究[D].南京:东南大学,2004.

[90] 焦楚杰,蒋国平,高乐.钢纤维混凝土动态劈裂试验研究[J].兵工学报,2010,31(4):469-472.

[91] 牛卫晶,闫晓鹏,张立军,等.高应变率下混凝土动态拉伸性能的试验研究[J].太原理工大学学报,2006,37(2):238-241.

[92] 吴战飞,李和平,王洪林,等.动态劈裂试验的数值模拟及讨论[J].合肥工业大学学报(自然科学版),2008,31(10):1676-1679.

[93] 吴战飞.混凝土静动态劈裂试验的数值模拟[D].合肥:合肥工业大学,2007.

[94] 巫绪涛,代仁强,陈德兴,等.钢纤维混凝土动态劈裂试验的能量耗散分析[J].应用力学学报,2009,26(1):151-154.

[95] 黄政宇,秦联伟,肖岩,等.级配钢纤维活性粉末混凝土的动态拉伸性能的试验研究[J].铁道科学与工程学报,2007(04):34-40.

[96] 秦联伟.级配钢纤维活性粉末混凝土动态性能研究[D].长沙:湖南大学,2007.

[97] Luo Z, Li X, Zhao F. Complete splitting process of steel fiber reinforced concrete at intermediate strain rate [J]. Journal of Central South University of Technology,2008,15(4):569-573.

[98] 代仁强.钢纤维高强混凝土动态劈裂的试验研究[D].合肥:合肥工业大学,2009.

[99] 曲嘉.钢纤维混凝土劈拉强度的试验研究[D].哈尔滨:哈尔滨工程大学,2010.

[100] Mellinger F M, Birkimer D L. Measurement of stress and strain on cylindrical test specimens of rock and concrete under impact loading [R]. Technical Report 4-46, Ohlo River Division Laboratories, Cincinnati, Ohio: U. S. Army Corps of Engineers,1966.

[101] Birkimer D L, Lindemann R. The impact strength of concrete materials[J]. Amer Concr. Inst,1971,68:47-49.

[102] Klepaczko J R, Brara A. An experimental method for dynamic tensile testing of concrete by spalling [J]. Int Journal of Impact Engineering,2001,25(4):387-409.

[103] Harald S, Christoph M, Klaus T. Spall experiments forthe measurement of the tensile strength and fracture energy of concrete at high strain rates. International[J]. Journal of impact engineering,2006,32:1635-1650.

[104] 胡时胜,张磊,武海军,等.混凝土材料层裂强度的试验研究[J].工程力学,2004,21(4):128-132.

[105] 张磊.混凝土材料强度的研究[D].合肥:中国科学技术大学,2006.

[106] 张磊,胡时胜,陈德兴,等.混凝土材料的层裂特性[J].爆炸与冲击,2008,28(3):193-199.

[107] 赖建中,孙伟,焦楚杰.生态型RPC材料的动态力学性能[J].工业建筑,2004,34(12):63-66.

[108] 陈柏生,肖岩,黄政宇,等.钢纤维活性粉末混凝土动态层裂强度试验研究[J].湖南大学学报(自然科学版),2009(07):12-16.

[109] Harding J, Wood E O, Campbell J D. Tensile testing of material at impact rates of strain[J]. J. Mech. Eng. Sci. ,1960,2:88 - 96.

[110] Nicholas T. Tensile testing of material at high rates of strain [J]. Experimental Mechanics,1981,21(5):177 - 185.

[111] Stabb G H, Gilat A. A direct tension split Hopkinson bar for high strain rate testing[J]. Experimental Mechanics, 1991, 31(3): 232 - 235.

[112] 彭刚,冯家臣,胡时胜,等.纤维增强复合材料高应变率拉伸试验技术研究[J].试验力学,2004,19(2):136 - 143.

[113] 王礼立.应力波基础 [M].2 版.北京:国防工业出版社,2005.

[114] 李为民,许金余,沈刘军,等.Φ100 mm SHPB 应力均匀及恒应变率加载试验技术研究[J].振动与冲击,2008,27(2):129 - 133.

[115] Frew D J, Forrestal M J, Chen W. Pulse Shaping techniques for testing elastic-plastic materials with a split Hopkinson pressure bar [J]. Experimental Mechanics,2005,45(2):186 - 195.

[116] 李为民,许金余.大直径 SHPB 试验中的波形整形技术研究[J].兵工学报,2009,30(3):350 - 355.

[117] Li Y, Guo Y, Hu H, et al. A critical assessment of high-temperature dynamic mechanical testing of metals[J]. International Journal of Impact Engineering,2009,36:177 - 184.

[118] 张方举,谢若泽,田常津,等.SHPB 系统高温试验自动组装技术[J].试验力学,2005,20(2):281 - 284.

[119] 邓志方.高温 SHPB 试验中的界面热传导特性及其影响[D].绵阳:中国工程物理研究院,2006.

[120] 过镇海,时旭东.钢筋混凝土原理和分析[M].北京:清华大学出版社,2003.

[121] 张美杰.材料热工基础[M].北京:冶金工业出版社,2008.

[122] Madhusudana C V. Thermal contact conductance[M]. New York: Springer New York, 1996.

[123] 马庆芳,方荣生,项立成,等.实用热物理性质手册[M].北京:中国农业机械出版社,1986.

[124] 张家荣,赵廷元.工程常用物质的热物理性质手册[M].北京:国防工业出版社,1987.

[125] Lennon A M, Ramesh K T. A Technique for Measuring The Dynamic Behavior of Materials At High Temperatures [J].

International Journal of Plasticity,1998,14(12):1279-1292.

[126] 张方举,谢若泽,田常津,等.SHPB 系统高温试验自动组装技术[J].试验力学,2005,20(2):281-284.

[127] 邓志方,谢若泽,颜怡霞,等.高温 SHPB 试验中的温度场分析[C]//中国力学学会:第八届全国爆炸力学学术会议论文集.吉平:中国力学学会,2007:97-100.

[128] 邓志方,李思忠,颜怡霞,等.一种高温 SHPB 试验技术中的温度场分析[J].试验力学,2005,20(S1):65-69.

[129] 邓志方.高温 SHPB 试验中的界面热传导特性及其影响[D].绵阳:中国工程物理研究院,2006.

[130] 邓志方,谢若泽,李思忠.高温 SHPB 试验中的界面热传导对试验结果产生的影响[C]//第四届全国爆炸力学试验技术学术会议论文集.武夷山:中国力学学会,2006:43-48.

[131] Deng Z,Xie R,Yan Y,et al. Temperature in high temperature SHPB experiments[J]. Transactions of Tianjin University,2008,14(1):536-539.

[132] 王启智,贾学明.平台巴西圆盘试样确定脆性岩石的弹性模量、拉伸强度和断裂韧度——第一部分:解析与数值结果[J].岩石力学与工程学报,2002,21(9):1285-1289.

[133] 王启智,戴峰,贾学明.对"平台圆盘劈裂的理论和试验"一文的回复[J].岩石力学与工程学报,2004,23(1):175-178.

[134] 王启智,吴礼舟.用平台巴西圆盘试样确定脆性岩石的弹性模量、拉伸强度和断裂韧度——第二部分:试验结果[J].岩石力学与工程学报,2004,23(2):199-204.

[135] 宋小林,谢和平,王启智.大理岩动态劈裂试样的破坏应变[J].岩石力学与工程学报,2005,24(16):2953-2959.

[136] 苏碧军,王启智.平台巴西圆盘试样岩石动态拉伸特性的试验研究[J].长江科学院院报,2004,21(1):22-25.

[137] 李伟,谢和平,王启智.大理岩动态劈裂拉伸的 SHPB 试验研究[J].爆炸与冲击,2006,26(1):12-20.

[138] Hughes M L,Tedesco,Ross A. Numerical analysis of high strain rate splitting-tensile tests[J]. Computers and Structures,1993,47:653-671.

[139] Ruiz G,Pandolfi A,Pandolfi A. Three-dimensional finite element simulation of the dynamic brazilian tests on concrete cylinders[J].

Int. J. Num. Meths. Eng. ,2000,48(7):963 - 994.

[140] 过镇海,时旭东. 钢筋混凝土的高温性能及其计算[M]. 北京:清华大学出版社,2002.

[141] 过镇海. 混凝土的强度和变形[M]. 北京:清华大学出版社,1997.

[142] Scott B T, Park R, Priertley M J N. Stress-strain behavior of concrete confined by overlapping hopps at low and high strain rates [J]. ACI Journal,1982,79(10):13 - 27.

[143] Dilger W H, Koch R, Kowalczyk R. Ductility of plain and confined concrete under different strain rates[J]. ACI Journal, 1984, 81 (1):73 - 81.

[144] Sgarin, Ghosh S K, Hna. daV K. Effects of lateral reinforcement upon strength and deformation properties of concrete[J]. Magazine of concrete research,1971,75/76:99 - 118.

[145] Mander J B, Priestley M J N, Park R. Theoretical stress-strain model of confined concrete[J]. Journal of structure Engineering, ASME, 1988,114(8):1804 - 1826.

[146] Eibl J, Sehmid-Hurtienne B. Stress rate sensitive constitutive law of concrete[J]. Journal of Engineering Mechanics, ASCE, 1999, 125 (12):1411 - 420.

[147] Zheng S, Combe U H, Eibl J. New approach to strain rate sensitivity of concrete in compression[J]. Journal of Engineering Mechanics, ASCE,1999,125(12):1403 - 1410.

[148] 李庆斌,邓宗才,张立翔. 考虑初始弹模变化的混凝土动力损伤本构模型[J]. 清华大学学报,2003,43(8):1088 - 1091.

[149] 田红伟. 基于损伤的混凝土动态本构模型研究及其在有限元分析中的应用[D]. 南京:河海大学,2005.

[150] Ottosen N S. Constitutive model for short-time loading of concrete [J]. ASCE,1979,105(EMI):127 - 141.

[151] Darwin D, Peeknold D A. Nonlinear biaxial stress-strain law of concrete[J]. Journal of the Engineering Mechanics Division, 1977, 103(EM. 2):229 - 241.

[152] Saenz L P. Discussion of equation for the stress-strain curve of concrete by Desayi and Krishman[J]. ACI Journal, 1964, 61 (9): 1229 - 1235.

[153] Sargin M. Stress-strain relationship for concrete and the analysis of

structural concrete section [M]. Study No. 4, Solid Mechanics Division. University of Waterloo, Ontario, Canada,1971.

[154] Elwi A A, Murra D W. A 3 – D hypoelastic concrete constitutive relationship [J]. Journal of the Engineering Mechanics Division, 1979,105(EM. 4):623 – 641.

[155] Comite Euro-International du Beton. CEB – FIP model code 1990 [S]. Trowbridge, Wiltshire, UK: Redwood Books, 1993.

[156] 江见鲸,陆新征,叶列平. 混凝土结构有限元分析[M].北京:清华大学出版社,2005.